ISW 54

Berichte aus dem Institut für Steuerungstechnik
der Werkzeugmaschinen und Fertigungseinrichtungen
der Universität Stuttgart

Herausgegeben von Prof. Dr.-Ing. G. Stute †

P. KOHLER

Automatisiertes Messen
mit NC-Werkzeugmaschinen

Springer-Verlag
Berlin · Heidelberg · New York · Tokyo

D 93

Mit 54 Abbildungen

ISBN-13:978-3-540-13775-7   e-ISBN-13:978-3-642-82365-7
DOI: 10.1007/978-3-642-82365-7

2362/3020-543210

Geleitwort des Herausgebers

Das Institut für Steuerungstechnik der Werkzeugmaschinen und Fertigungseinrichtungen der Universität Stuttgart befaßt sich mit den neuen Entwicklungen der
Werkzeugmaschinen und anderen Fertigungseinrichtungen, die insbesondere durch
den erhöhten Anteil der Steuerungstechnik an den Gesamtanlagen gekennzeichnet
sind. Dabei stehen die numerisch gesteuerten Werkzeugmaschinen in Programmierung, Steuerung, Konstruktion und Arbeitseinsatz sowie die vermehrte Verwendung des Digitalrechners in Konstruktion und Fertigung im Vordergrund des In-
teresses.

Im Rahmen dieser Buchreihe sollen in zwangloser Folge drei bis fünf Berichte pro
Jahr erscheinen, in welchen über einzelne Forschungsarbeiten berichtet wird. Vor-
zugsweise kommen hierbei Forschungsergebnisse, Dissertationen, Vorlesungsmanu-
skripte und Seminarausarbeitungen zur Veröffentlichung.

Diese Berichte sollen dem in der Praxis stehenden Ingenieur zur Weiterbildung
dienen und helfen, Aufgaben auf diesem Gebiet der Steuerungstechnik zu lösen.
Der Studierende kann mit diesen Berichten sein Wissen vertiefen.

Unter dem Gesichtspunkt einer schnellen und kostengünstigen Drucklegung wird
auf besondere Ausstattung verzichtet und die Buchreihe im Fotodruck hergestellt.

Der Herausgeber dankt dem Springer-Verlag für Hinweise zur äußeren Gestaltung
und Übernahme des Buchvertriebs.

<u>Vorwort</u>

Die vorliegende Arbeit entstand während meiner Tätigkeit
als wissenschaftlicher Mitarbeiter am Institut für Steuerungstechnik der Werkzeugmaschinen und Fertigungseinrichtungen (ISW) der Universität Stuttgart.

Dem verstorbenen Institutsleiter, Herrn Professor
Dr.-Ing. G. Stute, gilt mein besonderer Dank für seine Unter-
stützung, die diese Arbeit ermöglichte. Ebenso danke ich
Herrn Professor Dr.-Ing. A. Storr, unter dessen komissarischer
Institutsleitung ich die Promotion vollenden konnte, und
dessen intensive Durchsicht meiner Arbeit wesentlich zu deren
Gelingen beigetragen hat.

Mein Dank gilt auch Herrn Professor Dr.-Ing. H. J. Warnecke
für seine Bereitschaft, den Mitbericht zu übernehmen.

Mein verbindlicher Dank gilt den Kollegen und Studenten, die
durch kameradschaftliche Zusammenarbeit diese Arbeit förderten,
besonders Herrn Dipl.-Ing. G. Krattenmacher und Herrn
Dipl.-Ing. D. Pfeiffer.

Paul Kohler

Inhaltsverzeichnis

Abkürzungen und Begriffe

A/D	Analog/Digital
APT	Automatically Programmed Tools
BCD	Binary Coded Decimal
CIDATA	Control Input DATA
CNC	Computer Numerical Control
DNC	Direct Numerical Control
EPROM	Erasable Programmable Read Only Memory
EXAPT	Extended subset of APT
FFS	Flexibles Fertigungssystem
GMDATA	Generalized Measuring DATA (Tasterpositions- und Auswertedaten)
IEC	International Electrical Committee
IT	Passungsqualität
LSW	Least Significant Word
MEA	Meßwerterfassungs- und Auswerteeinheit
MPST	Mehrprozessorsteuersystem
MSW	Most Significant Word
NC	Numerical Control
N.C.M.E.S.	Numerical Controlled Measuring and Evaluation System, meßtechnisch orientiertes Programmiersystem
NCVA	NC-Datenverarbeitung und Aufbereitung
SPS	Speicherprogrammierbare Steuerung
RAM	Random Access Memory
TMS 9900	16 bit Mikroprozessor (Texas Instruments)
TTL	Transistor-Transistor-Logik
V.24	Standardisierte Schnittstelle (DIN 66020)
WS	Werkstück
WZ	Werkzeug
WZM	Werkzeugmaschine
X,Y,Z	Koordinaten im Maschinensystem
1-D	1-dimensional
2-D	2-dimensional
3-D	3-dimensional

Formelzeichen und Einheiten

a	mm	Schleppabstand
A	mm	konstanter Teil der Meßunsicherheit eines Meßgerätes
b	mm	Verfahrweg bis Tastersignal wirksam wird
b_{max}	mm	maximaler Verfahrweg bis Tastersignal wirksam wird
b'_{max}	mm	maximaler Verfahrweg bei reduzierter Antastgeschwindigkeit bis Antastsignal wirksam wird
B	mm	maximale Meßunsicherheit eines Meßgerätes
c	mm	Werkstückmaß
d_n	mm	Werkstückmaß
d	–	von der Anzahl der Meßwerte abhängiger Faktor
D	mm	Wegdifferenz
D_K	mm	Durchmesser der Tasterkugel
D_R	mm	Referenzdurchmesser
D_W	mm	Werkstückdurchmesser
F_T	N	Auslenkkraft an der Tasterkugel
h	mm	Werkstückmaß
H	–	Zählerstand
i	–	Zählvariable
k_v	–	Regelkreisverstärkung
k_w	mm	wirksamer Korrekturwert
K	–	Konstante für meßlängenabhängigen Teil der Meßunsicherheit eines Meßgerätes
l	mm	Meßlänge
lx	mm	Länge des Verfahrbereichs in X-Richtung
ly	mm	Länge des Verfahrbereichs in Y-Richtung
lz	mm	Länge des Verfahrbereichs in Z-Richtung
lr	mm	Rasterabstand
$L...$	–	logische Signale
n	–	beliebige Anzahl
N	–	normalverteilte Zufallsvariable
p_n	–	Aussagewahrscheinlichkeit nach n Ereignissen
P	–	Aussagewahrscheinlichkeit
P_1	mm	1. Startposition
P_2	mm	2. Startposition

P_A	mm	1. Anhalteposition
P_R	mm	berechnete Antastposition
P_S	mm	1. erwartete Antastposition
P_T	mm	1. tatsächliche Antastposition
P_U	mm	1. vorgegebene Umkehrposition
P_{UN}	mm	Positionsunsicherheit einer Werkzeugmaschine
P'	mm	Startposition für reduzierte Antastgeschwindigkeit
P_S'	mm	2. erwartete Antastposition
P_T'	mm	gesuchte Antastposition
P_U'	mm	2. Umkehrposition
r	mm	Werkstückmaß
$R...$	Ω	Ohmscher Widerstand
R	mm	Spannweite
$\bar{R}$	mm	mittlere Spannweite
s_b	mm	gesamte systematische Abweichung vom Sollwert bei einem Werkstückmaß
s_M	mm	Positionsabweichung einer Werkzeugmaschine
s_{Ma}	mm	systematische Abweichung eines Werkstückmaßes verursacht von der Werkzeugmaschine
s_R	mm	Standardabweichung
s_T	mm	Änderung der systematischen Abweichung durch Trendeinfluß
s_V	mm	systematische Abweichung eines Werkstückmaßes verursacht von der Werkstückspannvorrichtung
s_{WS}	mm	systematische Abweichung eines Werkstückmaßes verursacht vom Werkstück
s_{WZ}	mm	systematische Abweichung eines Werkstückmaßes verursacht vom Werkzeug
s	mm	Verfahrweg
t_x	s	Zeitspanne zwischen dem Eintreffen und der Abfrage des Antastsignals
t_z	s	Zykluszeit von NC und SPS
T	mm	Werkstücktoleranz
T_{bO}	mm	einhaltbare Werkstücktoleranz ohne Korrektur
T_{bm}	mm	einhaltbare Werkstücktoleranz mit idealer Korrektur der systematischen Abweichungen

T_{bn}	mm	einhaltbare Werkstücktoleranz unter Berücksichtigung von n Bearbeitungsschritten ohne Berücksichtigung der Meßunsicherheit
T_{bT}	mm	einhaltbare Werkstücktoleranz mit Korrektur der systematischen Abweichungen bei Berücksichtigung des Trends
T_{bU}	mm	einhaltbare Werkstücktoleranz nach Kompensation der systematischen Abweichungen bei Berücksichtigung von bearbeitungsbedingter Streuung und Meßunsicherheit von Messen mit der Maschine
T_{b2U}	mm	einhaltbare Werkstücktoleranz mit Berücksichtigung der Streuung der Bearbeitung, Messen mit der Maschine und Korrektur aufgrund von Messen mit der Maschine
T_U	mm	für Meßunsicherheit von Messen mit der Maschine beanspruchte Werkstücktoleranz unter Berücksichtigung von zwei Antastungen
U	mm	Meßunsicherheit eines Längenmeßgerätes
U_a	mm	absolute Meßunsicherheit eines Längenmeßgerätes
U_M	mm	Umkehrspanne einer Werkzeugmaschine
U_N	V	analoge Spannung im Notausstromkreis
U_r	mm	relative Meßunsicherheit eines Längenmeßgerätes
U_{r1}	mm	relative Meßunsicherheit des 1. Antastpunktes
U_{r2}	mm	relative Meßunsicherheit des 2. Antastpunktes
U_T	V	analoge Spannung im Antaststromkreis
U_z	mm	zulässige Meßunsicherheit
v	mm/s	Verfahrgeschwindigkeit
v_1	mm/s	Antastgeschwindigkeit
v_1'	mm/s	reduzierte Antastgeschwindigkeit
W_T	mm	Auslenkweg der Tasterkugel
x	mm	Maßabweichung am Werkstück
$\bar{x}$	mm	Mittelwert der Maßabweichungen
$\bar{x}^*$	–	standardisierter Mittelwert der Maßabweichungen
x_1	mm	Abstand in Koordinatenrichtung X
y_1	mm	Abstand in Koordinatenrichtung Y
z_1	mm	Abstand in Koordinatenrichtung Z
z_b	mm	Streuung eines Werkstückmaßes

z_M	mm	Positionsstreubreite einer Werkzeugmaschine
z_{Ma}	mm	Streuung eines Werkstückmaßes, verursacht von der Werkzeugmaschine
z_V	mm	Streuung eines Werkstückmaßes, verursacht von der Werkstückspannvorrichtung
z_{WS}	mm	Streuung eines Werkstückmaßes, verursacht vom Werkstück
z_{WZ}	mm	Streuung eines Werkstückmaßes, verursacht vom Werkzeug
α		Winkel am Werkstück
σ		Standardabweichung oder Streuung
σ^2		Varianz
μ		Erwartungswert (idealer Mittelwert der Abweichungen vom Sollwert)
ε		Abweichung vom Erwartungswert
Φ		Verteilungsfunktion

1 Einleitung

Im Rahmen der technischen Entwicklung von Fertigungseinrichtungen wird nicht nur das eigentliche Fertigungsverfahren automatisiert, sondern auch weitere Produktionsverfahren wie z.B.
Handhaben, Transportieren und Messen. Auch Forderungen wie
Sicherheit am Arbeitsplatz und Arbeitszeitsenkung beeinflussen
in immer stärkerem Maße die Gestaltung des Produktionsprozes-
ses / 1 /.

Bei Großserien- und Massenfertigung wird bereits weitgehend
automatisiert hergestellt und gemessen. Bei Einzel- und Klein-
serienfertigung sind zunehmend Maschinen mit NC- und CNC-
Steuerungen für die Herstellung im Einsatz, Meßvorgänge werden
jedoch auch bei NC-gesteuerten Maschinen in der Regel noch
manuell ausgeführt und dienen in vielen Fällen nur der Aus-
schußkennzeichnung und der Veranlassung von Ersatzfertigung.
Zentrale Qualitätsprüfungen mit Mehrkoordinatenmeßgeräten sind
sowohl bei Zwischenprüfungen als auch bei Endprüfungen von
Werkstücken im Einsatz, erfordern aber im Vergleich zu Meßvorgängen in der Werkzeugmaschine zusätzlichen Zeit- und Organi-
sationsaufwand für Transport, Wartezeiten und Prüfplanung.

Um eine Erhöhung der Wirksamkeit der Qualitätskontrolle zu
erreichen und schließlich eine unbeaufsichtigte Fertigung zu
ermöglichen, sollten bei der Bearbeitung auftretende Fehler
so schnell und zuverlässig wie möglich und so präzise wie
erforderlich erfaßt und kompensiert werden. Damit tritt die
Notwendigkeit der Verlegung des Meßvorgangs in den Arbeitsraum
der Bearbeitungsmaschine zunehmend in den Blickpunkt des In-
teresses.

Ziel dieser Arbeit ist es, die Möglichkeit und die Realisier-
barkeit des Messens in der Maschine zu untersuchen. Im Vordergrund stehen dabei das Erarbeiten und Überprüfen von Gesetzmäßigkeiten über die beim Messen mit der Werkzeugmaschine erreichbare Genauigkeit und die Konzeption einer neuen Einrich-

tung und zugehöriger Verfahren für automatisches Messen mit
der Werkzeugmaschine, die sich für die Qualitätsprüfung, aber
auch für den Kollisionsschutz und die Maschinenvermessung eignen. Damit können beim automatischen Betrieb von Fertigungseinrichtungen notwendige Überwachungsaufgaben und die Kompensation
systematischer Fehler prozeßgekoppelt realisiert werden, wobei
die Zielvorstellung ist, diese Aufgaben mit einem Automatisie-
rungsbaustein zu lösen.

2 Notwendigkeit von "Messen in der Maschine"

Auch bei automatisierter Fertigung läßt sich trotz steuerungs-
und fertigungstechnischer Sicherheit, d.h. trotz hoher Zuverlässigkeit moderner CNC-Steuerungen und trotz verbesserter
Qualität von Werkzeugmaschinen und Werkzeugen, oft nicht erreichen, daß sich die Abmaße aller bearbeiteten Werkstücke innerhalb des vorgeschriebenen Toleranzbereichs bewegen / 2 /.
Wenn die Fertigungsunsicherheit / 3 / eines Bearbeitungsprozes-
ses größer ist als die vorgegebene Werkstücktoleranz / 3 /,
werden neben maßgerechten auch nicht maßhaltige Teile gefertigt, die aus dem regulären Fertigungsprozeß herausgenommen
werden sollten. Selbst wenn die Fertigungsunsicherheit zu Beginn des Fertigungsprozesses kleiner ist als die vorgegebene
Werkstücktoleranz, ist eine laufende Kontrolle erforderlich, da
bereits geringfügige Veränderungen an den an der Fertigung beteiligten Komponenten Ausschußfertigung auslösen können.

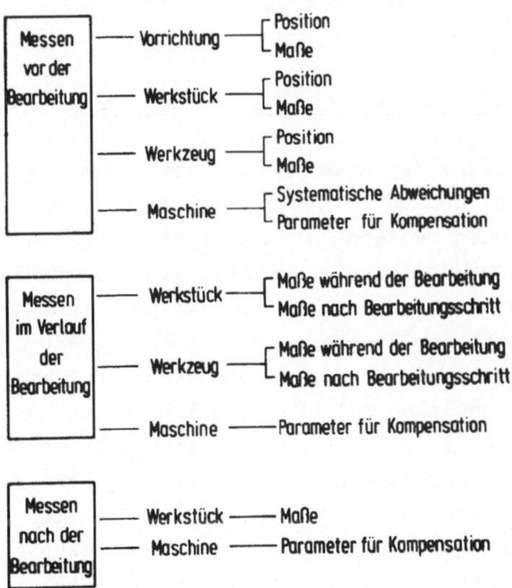

Bild 2.1: Zeitpunkte der Meßwerterfassung zur Qualitätssicherung in einem Fertigungsprozeß

Bild 2.1 zeigt Meßaufgaben vor, während, zwischen und nach Bearbeitungsvorgängen, die an Vorrichtung, Werkstück, Werkzeug und Maschine zur Erfassung der Ursachen für Fehlbearbeitung möglich sind.

Alle diese Meßvorgänge sind mit Messen in der Maschine durchführbar. Unter Messen in der Maschine wird Messen auf der Werkzeugmaschine, Messen mit der Werkzeugmaschine und Messen an der Werkzeugmaschine verstanden. Bei Messen auf der Maschine werden Messungen mit bedienergeführten oder automatischen Meßgeräten, deren Meßwerterfassung unabhängig von der Position der Werkzeugmaschine geschieht, an Werkstücken oder Werkzeugen vorgenommen. Unter Messen mit der Maschine werden Messungen an Werkstücken und Werkzeugen verstanden, bei welchen Sensoren in den Werkzeughalter der Maschine eingespannt und mittels der Maschine verfahren werden. Außerdem sind die Maschinenmeßsysteme an der Positionsbestimmung beteiligt. Mit Messen an der Maschine wird die Werkzeugmaschine zum Meßobjekt.

2.1 Qualitätssicherung und Qualitätssteigerung

Neben der Erfassung der Abweichungen vom Sollmaß eines Werkstückes ist eine genaue Kenntnis der Ursachen von am Werkstück auftretenden Fehlern Voraussetzung für gezielte Maßnahmen zur Beeinflussung der Fertigungsunsicherheit. Abweichungen vom Sollmaß werden im folgenden auch teilweise verkürzt Maßabweichungen oder auch nur Abweichungen genannt. Die Ursachen für Maßabweichungen treten an den Komponenten der Fertigungseinrichtungen mit unterschiedlicher Häufigkeit und Vorhersagbarkeit auf. Das nachfolgende Bild 2.2 beinhaltet Faktoren, die Abweichungen von der gewünschten Fertigungsgenauigkeit zur Folge haben können. Im unteren Teil der Aufstellung sind zufällige Abweichungen aufgeführt, die sich innerhalb eines Streubereichs, der mit einer bestimmten Wahrscheinlichkeit angebbar ist, bewegen. Die Ursachen dieser zufälligen Abweichungen werden nicht erfaßt, weil keine geeigneten Sensoren vorhanden sind oder die Erfassung nicht wirtschaftlich ist.

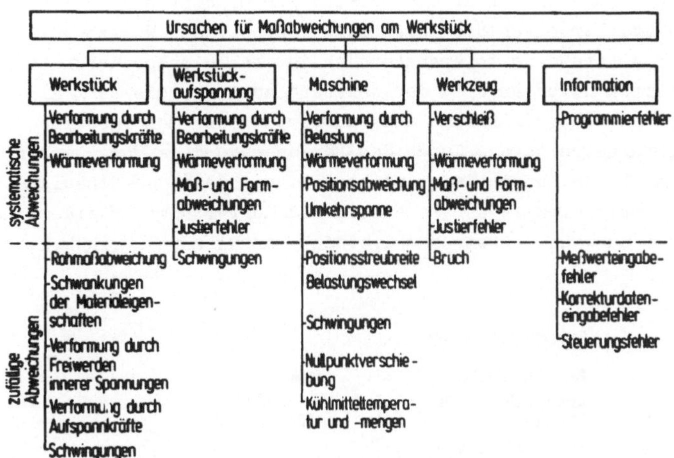

Bild 2.2: Ursachen für systematische und zufällige Abweichungen
am Werkstück / 1 /

Im Gegensatz dazu stehen die im oberen Teil der Liste aufgeführten systematischen Abweichungen. Über sie lassen sich aufgrund von Gesetzmäßigkeiten und erfaßten Daten genauere Vor-
hersagen machen. Jedoch enthalten auch sie noch zufällige
Komponenten, weil i.a. nicht alle Einflußfaktoren bestimmt oder
berücksichtigt werden können.

Bild 2.3 zeigt beispielhaft die maschinen- und werkzeugbe-
dingten Anteile an der Fertigungsunsicherheit beim Fräsen mit
einer NC-Fünfachsenfräsmaschine. Unter Berücksichtigung des
Einflusses der Faktoren Positions- und Rundlaufgenauigkeit wird
ein unbeeinflußbarer Bereich von 0,16 mm angenommen / 4 /. Die
beeinflußbaren Größen, wie z.B. Maß- und Formabweichungen des
Werkzeugdurchmessers, Abweichungen der Werkzeugeinstellung und
Werkzeugverschleiß sowie Abweichungen der Werkstückaufspannung
und Verformungen ergeben zusammen eine Gesamtspanne von
0,22 mm. Ohne Beeinflussung der Fehlerursachen ergibt sich

daraus für die Vorgabe der bei der Fertigung eines Werkstücks einzuhaltenden Toleranz ein Bereich von mindestens +0,17 und -0,21 mm. Der durch die Arbeitsunsicherheit der Werkzeugmaschine entstehende Toleranzbereich ist reduzierbar durch Meß- und Korrekturvorgänge in der Werkzeugmaschine, die auch mit manueller Meßwertaufnahme und -auswertung der Meßergebnisse und Korrekturdateneingabe durch den Bediener durchgeführt werden können. Durch Automatisierung läßt sich jedoch die Genauigkeit und Zuverlässigkeit der Messungen und Auswertungen steigern und der Zeitaufwand senken oder die Zahl der Messungen erhöhen.

Unbeeinflußbare Größen:		
Positionsgenauigkeit	±0,05 mm	
Spindelrundlauf bei 300 mm Kraglänge	-0,03 mm	
Rundlaufgenauigkeit von Werkzeugkegeln, Stehhülsen usw. bei 300 mm Kraglänge	-0,03 mm	
Gesamtbetrag der unbeeinflußbaren Größen	+0,05 mm -0,11 mm	0,16 mm
Beeinflußbare Größen:		
Wirksamer Werkzeugdurchmesser	±0,05 mm	
Genauigkeit der Vorrichtungen	±0,02 mm	
Werkzeugverschleiß am Durchmesser	+0,02 mm	
Einstellfehler beim Werkzeugwechsel	±0,02 mm	
Werkstückverformungen durch Schnittkräfte	±0,01 mm	
Gesamtbetrag beeinflußbarer Größen:	+0,12 mm -0,10 mm	0,22 mm
Gesamtbetrag beider Einflußgrößengruppen	+0,17 mm -0,21 mm	

Können die Einflußgrößen nicht verändert werden, muß im vorliegenden Falle die Toleranz in der Zeichnung mindestens +0,17 und -0,21 mm sein.

Bild 2.3: Fertigungsunsicherheit beim Fräsen mit einer NC-Fünfachsenfräsmaschine

Auch die in Bild 2.4 dargestellten bedienerabhängigen Fehlerursachen können durch Messen in der Maschine ausgeschaltet
werden. Dateneingabefehler, die mit 62% den größten Anteil
bilden, werden durch eine Automatisierung von Meßwertaufnahme
und Datentransfer weitgehend vermieden. Hierzu gehören auch
Bedienfehler, die zur Überschreitung vorgegebener Toleranzgrenzen bei der Bearbeitung von Werkstücken führen, weil der
Maschinenbediener sicherheitshalber bei der Abarbeitung von
Aufmaßen eine zu kleine Nullpunktverschiebung wählt.

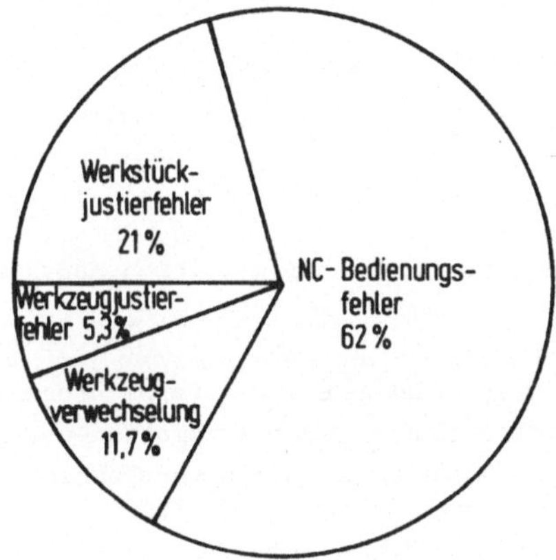

Bild 2.4: Bedienerabhängige Ursachen für Maßabweichungen / 1 /

In Bild 2.5 wird für ein Werkstück die Verteilung der Werte der
mittleren Maßabweichung über dem Fräserweg für ausgewählte Meßpunkte gezeigt. Wegen der Kürze der Standzeit der Fräser werden
zehn verschiedene Werkzeuge des gleichen Typs für diesen Fräserweg benötigt. Die schraffierte Fläche stellt die vorgegebene
Werkstücktoleranz dar. Die Graphik macht deutlich, daß diese
Werkstücktoleranz wenig optimal genutzt wird, denn die Istmaße
befinden sich im Umfeld des oberen Nennmaßes, d.h. die Anzahl
der Messungen, deren Werte die obere Toleranzgrenze überschreiten, liegt bedeutend über der Anzahl der Messungen im Toleranzbereich. Unterschreitungen sind keine vorhanden.

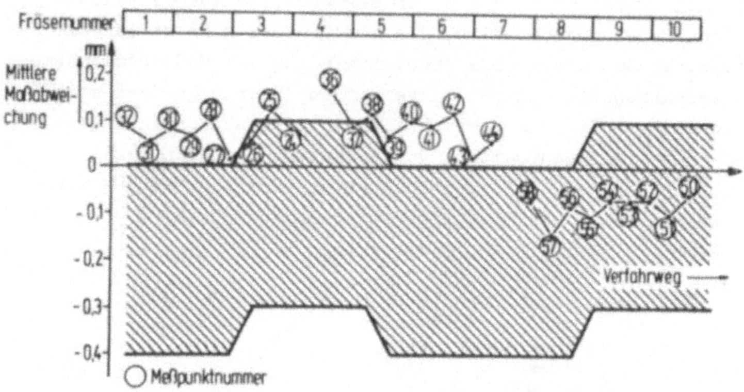

Bild 2.5: Verteilung der Abmaße der mittleren Maßabweichung
/ 1 /

Auch die Anzahl von Werkstückaufspann-, Vorrichtungs- und Werkzeugverwechslungsfehler können durch automatisierte Messungen verringert werden, nicht aber die durch Verspannen verursachten Fehler.

Wenn die Auswirkungen der in Bild 2.4 dargestellten Störfaktoren durch automatische Meßvorgänge nach Abschluß des Fertigungsprozesses erfaßt werden, dann sind durch die Zeitverzögerung u.U. bereits mehrere Ausschußwerkstücke gefertigt worden, ohne daß sich aus den Werkstückabmaßen die Ursache der Abweichungen eindeutig erkennen ließ. Wenn mit Hilfe von Messen in der Maschine vor der Bearbeitung die Werkstücklage und Werkzeugabmessungen am eingespannten Werkzeug bestimmt werden, wird vorbeugend eine Fehlbearbeitung vermieden. Mit Messen unmittelbar nach der Bearbeitung sind erreichbar:
- Abbruch der Bearbeitung, wenn bereits zuviel Material abgetragen ist,
- unmittelbar anschließende Nacharbeit, wenn Übermaß vorhanden ist, und
- Korrekturmaßnahmen für das Folgewerkstück.

Auch Temperaturschwankungen führen zu erheblichen Maßabwei-
chungen, wenn die Temperaturdifferenz zwischen
- Werkstück und Maschine,
- Werkzeug und Maschine,
- Werkzeug und Werkstück,
- Maschinenteil und anderem Maschinenteil,
- Kühlmittel und Maschine auftritt.

So kommt es z.B. im Papiermaschinenbau an Zylinderdeckeln aus
Stahl mit einem Durchmesser von 1,8 m und einer Temperatur-
änderung von 10°C zu einer Längenänderung von über 0,2 mm. Wird
die Temperatur dieses Werkstücks mit einer Unsicherheit von
$\pm$0,5 °C vor dem Bearbeiten oder Messen erfaßt, dann kann der
temperaturbedingte Fehleranteil um 90% reduziert werden, wenn
sich an die Erfassung Kompensationmaßnahmen anschließen. Vermieden wird dadurch eventuell der Aufwand für einen Klimaraum
und der damit verbundene Aufwand für Transport und Wartezeiten.

Das Spektrum der Ursachen von Maßabweichungen dient der Prüfplanung neben anderen Faktoren als Kriterium für die Selektion
von Art und Zeitpunkt vorzunehmender Meß- und Prüfvorgänge sowie des Meßverfahrens für einen bestimmten Bearbeitungsvorgang.
Genaue Aussagen über die Zusammensetzung der an den Maßabweichungen im Verlauf eines Bearbeitungsvorgangs beteiligten Faktoren und die zu planenden Meßvorgänge können nur in Verbindung
mit konkreten Anwendungsfällen gemacht werden.

Die für vorzunehmende Fehlerkompensationsvorgänge erforderliche
Meßwertauswertung und Selektion von Kompensationsmaßnahmen
wurden bisher meist dem Bediener übertragen. Bei Meßvorgängen
in der Maschine erweisen sich nicht automatisierte Auswertevor-
gänge, die oft Maßbestimmungen, Sollwertvergleiche und Korrek-
turwertbestimmung umfassen, zusammen mit den Entscheidungen bezüglich zu treffender Maßnahmen häufig als zu zeitaufwendig für
eine Qualitätskontrolle in der Bearbeitungsmaschine. Messen in
der Bearbeitungsmaschine wird daher in vielen Fällen nur mit
automatischer Auswertung und Korrekturdatenrückführung

wirtschaftlich sein. Außerdem erhöht sich mit der Automatisierung der Meßwerterfassung die Aussagesicherheit / 5 / der Messungen und die Zuverlässigkeit der Meßdatenauswertung, Korrek-
turdatenselektion und -eingabe.

2.2 Produktivitätssteigerung durch automatisierte Kontroll-
vorgänge in der Maschine

Durch die Automatisierung von Meßwerterfassung, Meßwertverarbeitung, Auswahl und Rückführung von Daten für Kompensationsmaßnahmen wird die Zeitdauer für einen Qualitätskontrollvorgang
reduziert.

Bild 2.6 zeigt ein Beispiel für den Anteil des Messens innerhalb der zeitlichen Auslastung von Bearbeitungszentren. Für
das manuelle Messen werden 6,3% der Maschinennutzungszeit von
16 Stunden pro Tag benötigt.

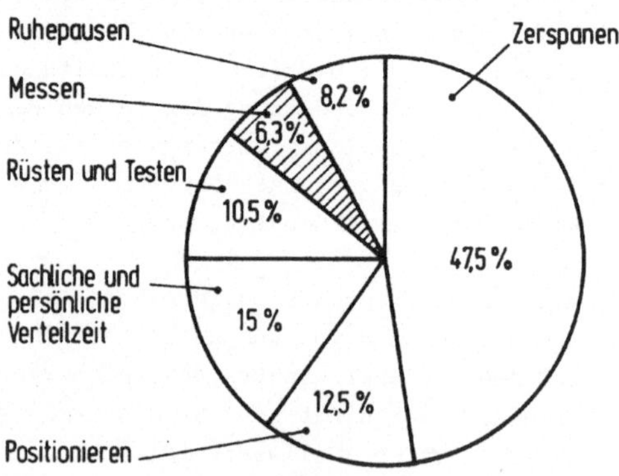

Bild 2.6: Zeitliche Auslastung von Bearbeitungszentren / 34 /

In den in Bild 2.7 dargestellten Beispielen für manuelles Messen auf der Maschine bei großen Drehteilen beträgt der durchschnittliche Zeitanteil für das Messen 6,2% der Verweildauer des Werkstücks auf der Maschine, die sich aus Hauptzeit und unbeeinflußbarer Nebenzeit zusammensetzt.

Werkstück	Verweildauer auf der Drehmaschine in min		Meßanteil in %
Zylinderrad	311		4,9
Deckel	1226		4,8
Kegelradkranz A	352		7,8
Kegelradkranz B	631		5,5
Antriebstrommel C	228		3,9
Antriebstrommel D	243		10,3
Lagerplatte	354		3,5
Spurplatte	201		7,9
Lagerflansch	416		10,8
Zylinderdeckel	302		7,1
Mittelwert			6,2

Bild 2.7: Anteilige Meßzeiten bei der Bearbeitung großer NC-Drehteile / 34 /

Die beiden vorausgehenden Beispiele zeigen Zeitanteile, die für Messen in der Maschine aufgewendet wurden und die durch Automatisierung verkürzbar sind. Die folgenden Beispiele sollen veranschaulichen, welche Relation zwischen der Meßzeit, die für manuelles Messen und Auswerten aufgewendet wird, und der Meßzeit, die für automatisches Messen und Auswerten erforderlich ist, bestehen. Zwei der drei nachfolgenden Beispiele sind zwar keine Beispiele für Messen in der Maschine, doch ist der Übergang von manuellem Messen zum Mehrkoordinatenmeßgerät vergleichbar mit dem Übergang des manuellen Messens auf der Maschine zur Mehrkoordinatenmeßtechnik beim Messen mit der Maschine. Für eine Hülse / 7 /, für die 376 Sollwertvergleiche programmiert und 483 Maßvergleiche ausgewiesen wurden, ließ sich durch Automatisierung eine Reduktion der Meß- und Auswertezeit um bis zu 84% erreichen, wenn die Messungen auf einem Mehrkoordinatenmeßgerät durchgeführt wurden.

Für die vollständige Prüfung einer Nockenwelle mit 8 Nocken bei einem Winkelschritt von 1 Grad / 5 / wurden mehr als 8 Stunden benötigt. Die Zeit für Sollwertvergleiche und für die Abstimmung mit Toleranzgrenzen sowie für die Dokumentation der gemessenen Abweichungen war hierin nicht eingeschlossen. Nach Automatisierung der Meßwerterfassung, Datenauswertung und Korrekturdatenrückführung für systematische Fehler waren einschließlich Aufzeichnungen noch ca. 20 Minuten erforderlich, wenn die Messungen statt mit einem Abbé-Längenmesser mit einem Nockenwellenmeßgerät durchgeführt wurden.

Für prozeßintermittierende Messungen an einem Lagerflansch (Bild 2.7) von ca. 2 m Durchmesser wurden bei manueller Messung für die Erfassung der Meßwerte, die Auswertung und für Nebenzeiten 45 Minuten benötigt. Wegen der großen Abmaße des Werkstücks kommen externe automatische Meßgeräte als Lösungsmöglichkeit nicht in Betracht. Durch automatisches Messen mit der Werkzeugmaschine kann die reine Meßzeit um ca. 70% verringert werden. Ähnliche Werte ergeben sich für die Auswertung, die Korrekturwertübermittlung und die Darstellung der Abweichungen / 34 /.

Im Bild 2.8 sind die Auswirkungen von rechnergeführtem Messen in der Bearbeitungsmaschine dargestellt. Durch frühzeitiges Erkennen von Störfaktoren im Fertigungsprozeß können die Maschinenstillstandszeiten für Wartung und Reparatur verkürzt werden. Die Verbesserung der Fertigungsqualität, die Senkung des Bearbeitungsaufwands durch die verringerte Ausschußfertigung und die Erhöhung der Maschinenauslastung führen zu einer Steigerung der Produktivität.

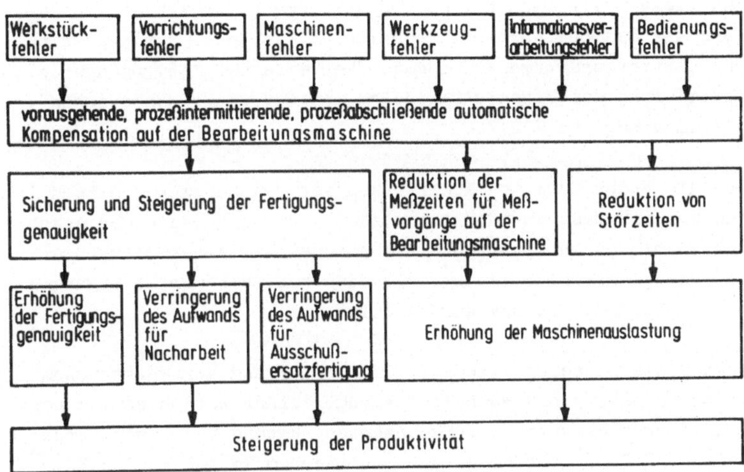

Bild 2.8: Auswirkungen von rechnergeführtem Messen und
Auswerten in der Bearbeitungsmaschine / 8 /

Automatisiertes Messen in der Werkzeugmaschine ist gegenüber
Messen mit dem Mehrkoordinatenmeßgerät besonders dann vorteilhaft, wenn Fehlerursachen vor der Bearbeitung oder unmit-
telbar nach dem ersten Auftreten erfaßt werden sollen. Unter-
suchungen für eine Reihe von Firmen ergaben, daß bei direkter
Folge von Arbeitsvorgang und Prüfvorgang ein Fehler, der etwa
in der Mitte eines Arbeitsvorgangs auftrat, erst nach durch-
schnittlich 21,4 Arbeitsstunden erkannt wurde / 9 /. Die ent-
standene Totzeit setzte sich zusammen aus
- Zeit vom Auftreten eines Fehlers bis Bearbeitungsende,
- Transportzeit zum Prüfplatz,
- Wartezeiten,
- Prüfplanungszeit,
- Prüfzeit und
- Zeit für die Auswertung der Ergebnisse.

Durch prozeßbegleitendes automatisches Messen in der Maschine
ist diese Zeitspanne auf die Totzeit vom Auftreten eines Fehlers bis Bearbeitungsende reduzierbar. Neben dieser Reduktion
von Zeitverzögerungen wird gegenüber externen Meßvorgängen eine
Optimierung des organisatorischen und materialflußbedingten
Aufwands möglich / 2 /.

Für die Endprüfung von Werkstücken ist automatisches Messen in
der Werkzeugmaschine dann sinnvoll, wenn sich wegen der Anzahl
der zu messenden Werkstücke die Anschaffung eines Mehrkoordinatenmeßgeräts nicht lohnt, wie dies z.B. bei der Fertigung
sehr großer Werkstücke der Fall ist.

Wenn Fehlerursachen, wie z.B. die Verformung von Werkstücken
durch Belastung und Wärmeverformung, erfaßt werden sollen oder
wenn Werkstücke nur im aufgespannten Zustand vermessen werden
können / 10 /, gibt es zu automatisiertem Messen in der Maschine nicht die Alternative des Mehrkoordinatenmeßgeräts.

Wenn Meßvorgänge in die Werkzeugmaschine verlagert werden, können die für die Qualitätssicherung erfaßten Daten auch ohne
wesentliche Totzeiten für die vorbeugende Wartung eingesetzt
werden. Während oder nach automatischen Meß- und Auswertevor-
gängen lassen sich automatisch Aufzeichnungen über Maßabweichungen und statistische Auswertungen durchführen, die dann der
Fertigungsüberwachung auch zur Verfügung stehen, um über längere Zeitspannen hinweg Aussagen über die Fertigungsgenauigkeit
der Werkzeugmaschinen zu machen.

Automatische Meßvorgänge in der Werkzeugmaschine haben jedoch
den Nachteil, daß sich gegenüber den Messungen mit dem Mehrkoordinatenmeßgerät zusätzliche Stillstandszeiten der Maschine
ergeben. Es wird Aufgabe einer sorgfältigen Prüfplanung sein,
die Zahl und Art der vorzunehmenden Messungen unter Berücksichtigung von Daten, die sich aus Protokollen vorausgegangener
Messungen mit der betreffenden Maschine ergeben, so zu bestimmen, daß Messen in der Maschine wirtschaftlich eingesetzt wird.

Mit Messen mit der Werkzeugmaschine kann auch nicht die gleiche Meßgenauigkeit erreicht werden wie mit Messen mit dem Mehrkoordinatenmeßgerät. Deshalb ist eine der Aufgaben dieser Arbeit entsprechende Einsatzgrenzen aufzuzeigen.

3   Stand der Technik bei Messen in der Maschine

In diesem Kapitel sollen die Einrichtungen dargestellt werden, die für Messen in der Maschine im Einsatz sind. Insbesondere wird die Frage nach den jeweils lösbaren Meßaufgaben, den Schnittstellen und nach der erreichbaren Genauigkeit gestellt.

3.1   Analyse bestehender Einrichtungen

3.1.1 Bedienergeführte mechanisch antastende Meßgeräte

Zu den bedienergeführten mechanisch antastenden Meßgeräten gehören z.B. Meßschieber, Durchmessermeßgeräte, Winkelmeßgeräte und Ultraschalldickenmeßgeräte / 11 /. Alle diese Geräte liefern digitale Meßwerte. Bei Meßschiebern und Durchmessermeßgeräten besteht die Maßverkörperung aus einem mit optisch abtastbaren Marken versehenen Glas- oder Stahlmaßstab. Das bei der Relativbewegung der Photodioden gegenüber dem Maßstab entstehende periodisch variierende Analogsignal wird elektronisch in Impulse gewandelt, die dann gezählt werden. Alternativ werden auch elektrische Abtastungen mit Leiterbahnen eingesetzt. Der Bediener kann den Meßwert i.a. einer digitalen Anzeige entnehmen.

Für die automatische Weiterverarbeitung der Meßwerte ist eine digitale Schnittstelle erforderlich. Die einfachste Ausführung besteht in einer 4-bit parallelen Schnittstelle, die seriell BCD-codierte Zahlen liefert und sich z.B. für den direkten Anschluß eines Druckers eignet. Wenn über diese Schnittstelle Verbindung zu einem Auswerterechner hergestellt wird, muß allerdings die Soft- und Hardware in bezug auf Reihenfolge und Zeitraster der Meßwertübertragung und die Steuerimpulse des jeweiligen Meßgeräts angepaßt werden.

Universellere Schnittstellen wie z.B. V.24 / 12 / und IEC-Bus / 13 / sind ohne zusätzlichen Aufwand für die Datenübertragung von bedienergeführten Meßgeräten einsetzbar. Während die V.24 Schnittstelle bei Mikrorechnern i.a. vorhanden ist, muß die IEC-Busschnittstelle bei Bedarf oft nachgerüstet werden, was sich aber nur als wirtschaftlich erweist, wenn mehr als fünf Geräte anzuschließen sind.

Die bei diesen Meßgeräten erreichbare Genauigkeit hängt von der Mechanik, dem zugehörigen Meßsystem und zum Teil in sogar überwiegendem Maße von der durch den Bediener bedingten Meßunsicherheit ab. Der Einsatz eines inkrementalen Wegmeßsystems, z.B. eines Glasmaßstabes, ist Voraussetzung dafür, daß bei Meßschiebern eine gerätebedingte Meßunsicherheit unter 0,05 mm, bei Bohrungsmeßgeräten zwischen 0,005 und 0,001 mm erreicht wird / 14 /. Umweltbedingte Einflußfaktoren wie Schwingungen, Temperaturänderungen, Späne, Kühlmittel, Staub und Feuchtigkeit müssen durch den Bediener erfaßt und eliminiert werden.

Als nachteilig bei bedienergeführten Meßgeräten erweist sich auch, daß mit diesen eindimensionalen Meßgeräten keine mehrdimensionalen Meßprobleme gelöst werden können. Dem Vorteil der niedrigen Gerätekosten für eine Messung stehen meist unwirtschaftlich hohe Personalkosten und stillstandsbedingte Maschinenkosten entgegen.

3.1.2 Automatische, maschinenpositionsunabhängige Meßgeräte

Im-Prozeß-Meßeinrichtungen wie die automatischen, maschinenpositionsunabhängigen Meßgeräte werden bei der Bearbeitung zylindrischer Flächen beim Innen- und Außenrundschleifen, beim Honen, beim Feinbohren und Drehen eingesetzt. Beim Innen- und Außenbearbeiten kann das Werkstück durch Tasterarme mechanisch angetastet werden, wobei die Tasterarme beim Innenmessen in einem Meßdorn integriert sein können. Die Auslenkung der Tasterarme wird meist induktiv gemessen. Neben diesen Geräten sind beim Messen von Bohrungen auch pneumatisch antastende Geräte im Einsatz.

Im-Prozeß-Meßeinrichtungen dienen z.B. dazu, den Materialabtrag aufmaßabhängig zu steuern, d.h. sie sind voll in die Steuerung integriert, und der Meßwert wird als Sollwert für die Vorschubbewegung genutzt. Die Schnittstelle für den Bediener ist z.B. eine Anzeige, auf der das noch vorhandene Aufmaß ablesbar ist. Eine Grenze des Einsatzes der automatischen, maschinenunabhängigen Meßgeräte ist z.B. beim Honen gegeben, wo eine Meßgenauigkeit bis zu 0,1 μm gefordert wird / 15 /.

Der besondere Vorteil dieser Im-Prozeß-Meßeinrichtungen liegt darin, daß für den Meßvorgang keine zusätzliche Stillstandszeit der Maschine entsteht und daß die Genauigkeit ihrer Messungen von der Positioniergenauigkeit der Maschine unabhängig ist.

Der Nachteil dieser Einrichtungen liegt darin, daß sie sich in der Regel jeweils nur für eine spezielle Meßaufgabe eignen.

3.1.3 Sensoren für Messen mit der Maschine

Sensor n für Messen mit der Maschine sind messende oder schaltende Taster, die entweder fest im Arbeitsraum der Maschine installiert werden oder durch Einwechseln in die Arbeitsspindel der Werkzeugmaschine in Funktion treten. In beiden Fällen ist bei Messen mit der Werkzeugmaschine die Verfahrbewegung der Maschine erforderlich und die Positionserfassung geschieht mittels der Maschinenmeßsysteme. Bei den Tastern wird die Auslenkung des Taststiftes durch eine koordinierte Bewegung der Werkzeugmaschinenachsen bewirkt und ergibt einen Meßwert oder ein Schaltsignal.

3.1.3.1 Messende Taster

Messende Taster besitzen für jede mögliche Auslenkachse ein analoges oder inkrementales Wegmeßsystem. Bei 1-D-Tastern mit einem Meßbereich größer als 5 mm und einer Auflösung von 1 μm

werden aus Genauigkeitsgründen nur noch inkrementale Verfahren
eingesetzt / 16 /. Bei messenden 2-D-Tastern / 17 / und 3-D-
Tastern / 18 / mit einem üblichen Auslenkweg des Taststiftes
bis 1 mm werden analoge Meßverfahren angewandt, und die Meßwerte werden dann über A/D-Wandler digitalisiert.

Bedingt durch die geringen Auslenkwege der 2- und 3-D-Meßtaster
von 1 mm, darf die Istposition der anzutastenden Fläche nur
weniger als 1 mm von der Sollposition abweichen. Das mit
diesen Tastern lösbare Aufgabenspektrum ist dadurch einge-
schränkt. So reicht z.B. bei Lage- und Rohkonturbestimmungen
dieser Auslenkweg nicht aus, weil die zu erfassende Abweichung
außerhalb des Meßbereichs liegen kann oder Bruchgefahr für den
Taster besteht.

Weiterhin ist zu berücksichtigen, daß die Meßunsicherheit mit
der Größe der zu messenden Abweichung zunimmt. Die Meßunsicherheit eines messenden Tasters / 18 / liegt bei ± 2 µm, wozu noch
1% der Auslenkung des Taststiftes bezogen auf den Nullpunkt,
was gleichbedeutend mit der gemessenen Abweichung ist, hinzu-
gerechnet werden muß. Daraus ergibt sich bei einem Auslenkweg
von 1 mm eine Vergrößerung der Meßunsicherheit um 10 µm. Die
von den Lageregelkreisen der Werkzeugmaschine verursachten ein
oder mehrere Inkremente umfassenden Pendelbewegungen der anson-
sten nicht bewegten Maschinenachsen erhöhen die Meßunsicherheit
zusätzlich. Der kleine Auslenkweg erfordert auch niedrige Antastgeschwindigkeiten, weil der Bremsweg kürzer sein muß als
der verfügbare Auslenkweg.

Der Einsatz spezieller Taststifte bei sonst nicht antastbaren
Meßpunkten wirft zusätzlich Probleme auf, da Veränderungen der
Taststiftgeometrie Veränderungen des Meßbereichs und der Auf-
lösung zur Folge haben.

Nachteilig erweisen sich also beim Einsatz von messenden
Tastern
- die Begrenzung des Meßbereichs auf 1 mm für 2- und
  3-D-Taster,

- der wegen der niedrigen Antastgeschwindigkeit nicht auf ein
  Minimum reduzierbare Meßzeitbedarf und
- der Kostenaufwand für Taster und Signalübertragung.

Diese Nachteile sind Ursache dafür, daß messende Taster im Vergleich zu schaltenden Tastern immer seltener eingesetzt werden.
Sie werden deshalb im Rahmen dieser Arbeit auch nicht weiter
behandelt.

3.1.3.2 <u>Schaltende 3-D-Taster</u>

Der derzeit am häufigsten in Werkzeugmaschinen eingesetzte
3-D-Taster weist ein Konstruktionsprinzip auf, bei dem ein aus
drei Zylindern bestehender Stern auf sechs Kugeln aufliegt
/ 19 /. Nach diesem Prinzip aufgebaute Taster sind entgegen
ihrer Bezeichnung nicht in sechs Richtungen sondern nur in fünf
Richtungen auslenkbar. Daraus ergeben sich Einschränkungen bezüglich der durchführbaren Meßaufgaben.

Bei einer Auslenkung des Taststiftes quer zu seiner Längsachse
ist nicht nur der maximale Auslenkweg der Tasterspitze wichtig,
sondern auch das Konstruktionsprinzip der Tasterlagerung. Wenn
der Drehpunkt in der Nähe des vorderen Teils des Tastergehäuses
liegt, ergibt sich unmittelbar vor dem Gehäuse nur ein verhält-
nismäßig kleiner Auslenkweg. Deshalb darf nur so tief in einer
Bohrung angetastet werden, daß noch genügend Abstand zwischen
Werkstück und Tastergehäuse bleibt, und es muß mit stark ver-
ringerter Verfahrgeschwindigkeit der Maschine gearbeitet
werden, weil sonst Kollisionsgefahr zwischen Taststift und
Tastergehäuse besteht.

Bei diesem Tasterprinzip liegt die Streubreite des Referenzpunktes bei einer Aussagewahrscheinlichkeit von 95,4 % zwischen $\pm$0,6 µm und $\pm$1,8 µm bezogen auf 20 mm Taststiftlänge,
bei einer Taststiftlänge von 100 mm entsprechend bei $\pm$3 µm
und $\pm$9 µm / 20 /. Eine wichtige Ursache für diese Abweichungen

ist die Reibung in den Lagerstellen. Wenn die Federvorspannung verringert wird, werden die Abweichungen kleiner, jedoch wird durch diese Maßnahme die Empfindlichkeit gegen Störungen wie Erschütterungen und Schwingungen erhöht, so kommt es zu vermehrten Fehlmessungen.

Der beschriebene 3-D-Taster hat die Nachteile, daß
- die Meßunsicherheit zu hoch ist,
- die Empfindlichkeit gegenüber Schwingungen und Erschütterungen zu hoch ist,
- das Meßaufgabenspektrum reduziert ist und
- der Auslenkweg für bestimmte Meßaufgaben zu gering ist.

Es sind weitere 3-D-Taster bekannt, die jedoch für Mehrkoordinatenmeßgeräte konzipiert sind und deshalb
- zu schwingungsempfindlich,
- nicht für horizontalen Einbau geeignet und/oder
- zu aufwendig bezüglich Signalgenerierung und -übertragung sind.

3.1.3.3 Signalübertragung zwischen Taster und Auswerteeinheit

Die Schnittstelle zwischen Taster und auswertendem Rechner hat beim schaltenden Taster nur die Aufgabe, ein Schaltsignal zu übermitteln. Die erforderliche Elektronik für die Entprellung des Schaltsignals kann sich im Taster, in einer zusätzlichen Einheit oder im auswertenden Rechner befinden. Im Falle der Generierung des Schaltsignals aus Meßwerten wird mit Hilfe von Komparatoren das Überschreiten einstellbarer Grenzwerte in ein Schaltsignal umgesetzt.

Wenn die Entprellung mit einer automatischen Auswertung koppelbar sein soll, kann die Entprellelektronik dieses Signal TTL-kompatibel oder potentialfrei, z.B. über Optokoppler, übermitteln.

Wo die Entprellung stattfindet, hängt mit der Lösung für die
Signalübertragung zusammen. Bild 3.1 stellt Varianten der
Signalübertragung dar. Die Wahl des Signalübertragungsmodus ist
abhängig von den räumlichen Gegebenheiten der Werkzeugmaschine
und davon, ob das Empfangsgerät und eventuelle Zuleitungen bei
der Herstellung der Werkzeugmaschine oder nachträglich einge-
baut werden. Ein weiteres Kriterium ist der Fertigungsprozeß,
d.h. die dadurch verursachte Beeinträchtigung der Meßeinrichtung durch Schmutz, Beschädigung und elektrische Störungen. Jedoch gehen elektrische Störeinflüsse auch von der Werkzeugmaschine aus oder kommen aus der Umgebung der Maschine, z.B.
durch elektromagnetische Felder von Motoren oder Transforma-
toren.

| Signalübertragung | realisiert bei Tastern | | Vorteile | Nachteil |
	schaltend	messend		
Steckverbindung	X		keine Energiequelle im Taster	Beschädigungs- und Verschmutzungsgefahr Unterbringungsprobleme
induktive Übertragung	X		unempfindlich gegen Schmutz Energieübertragung möglich	Größe und Unterbringung der Übertragungselemente
optische Übertragung	X	X	kleine Bauform unempfindlich gegen elektrische Störungen	Verschmutzungsgefahr Energiequelle im Taster erforderlich
Funk- übertragung		X	keine mechanische Anpassung erforderlich	empfindlich gegen elektrische Störungen, teuer Energiequelle im Taster erfordert.

Bild 3.1: Möglichkeiten der Signalübertragung zwischen Taster
und Auswerteeinheit

3.1.4 Steuerungsunabhängige Einheit für die Erfassung und Aus-
wertung von Meßwerten

Angeboten wird eine Einrichtung, die sich aus einem messenden
3-D-Taster mit eingebautem Sender für Funkübertragung, einem
Empfänger für Funksignale, einem Mikrorechner, einem Drucker

und einer Ausgabeeinheit zur Übertragung der Korrekturdaten an
die CNC-Steuerung zusammensetzt / 18 /. Die Datenverarbeitungs-
einheit besitzt eine 8-bit parallele Eingabeschnittstelle, die
mit acht Ausgabeleitungen einer CNC-Steuerung koppelbar ist.
Dabei ist vorgesehen, daß jeweils auf vier Leitungen eine BCD-
codierte Nummer übertragen wird. Die Steuerung der Meßwerterfassung und -auswertung geschieht über die Zuordnung zwischen
diesen Nummern und Funktionen wie z.B. Antastrichtung, Speiche-
rung von Meßwerten und den Grundrechenarten. Der Anwender kann
diese Funktionen über ein NC-Programm aufrufen, indem er acht
Hilfsfunktionen für die Daten und zwei für die Steuerung der
Datenübertragung kombiniert.

Der Anwender kann mit dieser Möglichkeit der Programmierung
sehr viele Meß- und Auswerteaufgaben lösen, doch werden die
bereitzustellenden NC-Programme schon bei 2-dimensionalen Meßaufgaben sehr aufwendig, da für jeden Adressier- und Rechen-
vorgang eine Kombination von Hilfsfunktionen aufzuführen ist
und außerdem auch die Sollpositionswerte der Meßpunkte als Kom-
binationen von Hilfsfunktionen zu übergeben sind.

Beim eingesetzten Taster handelt es sich um den in Kapitel
3.1.3.1 dargestellten Taster mit den dort beschriebenen Eigen-
schaften.

Diese Einheit für Messen mit der Maschine konnte sich bisher
nur begrenzt auf dem Markt durchsetzen. Gründe hierfür sind
- der Wartungsaufwand für die Stromversorgung im Taster und die
  Nachteile der Funkübertragung,
- der hohe Aufwand für die Programmierung komplexerer Meßaufgaben im NC-Programm,
- das durch den Meßbereich des Tasters eingeschränkte Meßaufgabenspektrum und
- der hohe Investitionsaufwand.

3.1.5 CNC-Steuerung mit integrierter Software für Messen mit der Maschine

Nachdem die Anwender von Werkzeugmaschinen zunehmend die Funktion Messen mit der Maschine fordern, sehen sich auch die Steuerungshersteller gezwungen, diese Funktion bereitzustellen. Vorausgesetzt wird auch hier der Einsatz eines schaltenden Tasters. Die Gewinnung der Positionswerte geschieht mit einem minimalen Eingriff in die Steuerungshardware und mittels zusätzlicher Software. Bild 3.2 stellt das Verfahren dar, mit dem bei einer CNC-Steuerung mit integrierter Meßsoftware gemessen wird / 21 /.

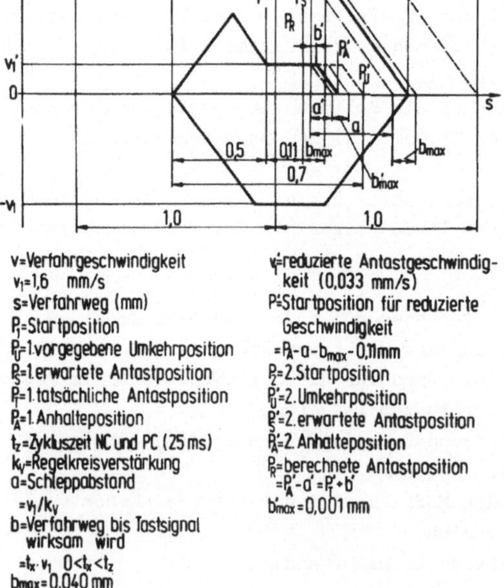

Bild 3.2: Antastverfahren einer CNC-Steuerung mit integrierter Software für Messen mit der Maschine

Das Verfahren sieht für die Erfassung eines Meßwertes zwei Antastungen vor, weil aus verfahrensspezifischen Gründen so der Zeitbedarf kleingehalten werden kann und der verfahrensbedingte Meßfehleranteil unter 1 µm gehalten werden kann.

Von der speicherprogrammierbaren Steuerung (SPS) wird der NC-Steuerung das Antastsignal des Tasters indirekt angeboten. In der NC-Steuerung wird dieses Signal über die Software zyklisch abgefragt und bei positivem Abfrageergebnis der Restweg des aktuellen NC-Satzes gelöscht, was nach Abbau des Schleppabstandes zur Beendigung der Maschinenbewegung führt / 22 /. Danach steht eine Istposition zur Verfügung, die sich um (a + b) von der Antastposition unterscheidet. Der Schleppabstand (a) läßt sich aus der gefahrenen Geschwindigkeit (v) und der eingestellten Regelkreisverstärkung (k_v) berechnen. Da beide Werte nicht einlesbar sind, muß also sowohl die Antastgeschwindigkeit als auch der k_v-Wert fest vorgegeben werden. Die zweite Komponente (b), die erforderlich ist, um die Antastposition P_T zu bestimmen, ist abhängig von der Zykluszeit (t_Z), mit der das Antastsignal abgefragt wird, und von der Verfahrgeschwindigkeit. Für diese Größe gilt der Zusammenhang $b = t_x \cdot v$ für $0 < t_x <$ Zykluszeit. Dabei steht t_x für die Zeitspanne zwischen dem Eintreffen und der Abfrage des Antastsignals. Bei einer gegebenen Zykluszeit von 25 ms und einer Antastgeschwindigkeit für die erste Antastung von 100 mm/s ergibt sich für b ein Wert zwischen 0 und 40 µm.

Da die Zykluszeit nicht veränderbar ist, kann der Wert b nur auf weniger als 1 µm verringert werden durch Reduzierung der Antastgeschwindigkeit. Um jedoch den Zeitaufwand für den 2. Antastzyklus klein zu halten, sollte der Weg, der dann mit einer Geschwindigkeit von 0,033 mm/s zurückzulegen ist, so kurz wie möglich sein. Deshalb wird aufgrund der 1. Anhalteposition die Position P' bestimmt, wofür, um sicher keinen negativen Einfluß von Brems- und Anfahrvorgängen zu erhalten, 150 µm statt der errechneten 40 µm vorgegeben werden.

Der Startpunkt für die 2. Antastung (P_2) wird gegenüber P' um
weitere 0,5 mm zurückverlegt, um z.B. den Einfluß des Umkehr-
spiels der Werkzeugmaschine zu umgehen. Die folgende Liste ent-
hält alle für eine Antastung erforderlichen NC-Sätze.

1. Anfahren von Position P_1 mit Eilgang
2. Fahren bis Position P_U mit v = 1,6 mm/s
3. Zurückfahren bis Position P_2 mit Eilgang
4. Fahren bis Position P'   mit v = 1,6 mm/s
5. Fahren bis Position P_U'   mit v = 0,033 mm/s
6. Zurückfahren bis Position P_1 mit Eilgang

Eine CNC-Steuerung mit integrierter Software für das Messen
hat den Vorteil, daß die Meßwerterfassung ohne zusätzlichen
Hardwareaufwand durchgeführt wird. Es wird sich aber in
vielen Fällen als nachteilig erweisen, daß die Antastung
nicht in zwei Achsrichtungen gleichzeitig erfolgen und daß
die Antastgeschwindigkeit nicht variiert werden kann.

Da eine Synchronisation von Antastzeitpunkt und Zyklustakt
fehlt, können Schwankungen in der Antastgeschwindigkeit und
Regelkreisverstärkung die Meßgenauigkeit zusätzlich ver-
schlechtern. Auch die Rundungsfehler bei der Berechnung des
Schleppabstands erhöhen die Meßunsicherheit. Außerdem kann die
Antastgeschwindigkeit von 0,033 mm/s bei der Maschine z.B.
durch Stick-Slip-Effekte zu reibungsbedingten ungleichförmigen,
schwingungsverursachenden Bewegungen führen, die besonders auch
die Meßunsicherheit des Tasters erhöhen. Die verfahrensbedingte
niedrige Antastgeschwindigkeit ist auch die Ursache für den
großen Zeitbedarf von 5 s für eine Antastung.

Diese verfahrensbedingte Meßunsicherheit ist zusätzlich zur ma-
schinen- und tasterbedingten Meßunsicherheit zu berücksichtigen. Jedoch bieten das beschriebene Antastverfahren und die
angebotene Software keine Möglichkeit zur automatischen Erfassung und Kompensation von systematischen Maschinenabweichungen,
wie sie in Kapitel 8.2 beschrieben ist.

Zur Meßwertauswertung werden dem Anwender die Rechenfunktionen Addition, Subtraktion, Multiplikation, Division, Quadratwurzel und Sinusberechnung angeboten. Damit lassen sich 1-dimensionale Meßaufgaben, wie sie beim Drehen auftreten, leicht realisieren. Für die Programmierung von 2- und besonders von 3-dimensionalen Meßaufgaben ist wie bei Bearbeitungsaufgaben eine problemorientierte Sprache anwenderfreundlicher.

Auch wird von den Steuerungsherstellern bisher keine Software für eine statistische Auswertung der Meßergebnisse angeboten, die eine Bestimmung der Korrekturwerte erlaubt. Ebensowenig ist die Software für eine übersichtliche, tabellarische Darstellung und eine über Parameter steuerbare Auswahl der zu dokumentierenden Werte verfügbar. Schließlich fehlt auch die Realisierung der Dokumentation auf einem Datenträger für eine spätere automatische Auswertung, z.B. für die Prüfplanung.

3.2 Bewertung und Zielsetzung der Arbeit

Die handelsüblichen Einrichtungen haben die Nachteile, daß sie
- nur ein eingeschränktes Meßaufgabenspektrum lösen können,
- einen zu hohen Zeitbedarf je Messung erfordern,
- nur in einem begrenzten Bereich über eine Meßunsicherheit, von ≤ 1 μm verfügen,
- keine automatische Kompensation von Werkzeugmaschinenfehlern besitzen,
- eine zu hohe Störanfälligkeit aufweisen,
- für die automatische Meßwertverarbeitung keine bedienerfreundliche Programmierung bieten und
- einen zu hohen Investitionsaufwand voraussetzen.

Die vorliegende Arbeit beschränkt sich auf Messen mit der Maschine mit einem schaltenden 3-D-Sensor. Ziel ist es, eine genaue, flexible und kostengünstige Einheit für Messen mit der Maschine zu entwickeln, die Maßbestimmungen mit Hilfe der Mehrkoordinatenmeßtechnik durchführen kann, die an Produkten spanender Bearbeitung auftreten.

Es werden zunächst die theoretischen Grundlagen erarbeitet und
Testmessungen ausgewertet, um zu beurteilen,
- welche Genauigkeit mit Messen mit der Maschine erreichbar ist
  und
- welche Werkzeugmaschinen sich für Messen mit der Maschine
  eignen.

Das Entwicklungsziel ist eine Meßwerterfassungs- und Auswerteeinheit, die
- vielseitiger,
- genauer,
- schneller,
- zuverlässiger,
- anwenderfreundlicher und
- kostengünstiger in bezug auf die Anschaffungskosten
ist, als die derzeit auf dem Markt befindlichen Einrichtungen.

Um dieses Ziel zu erreichen, ist sowohl ein Sensor, als auch
der Aufbau der Hardware und die Software zu entwickeln und zu
realisieren. Die Meßwerterfassungs- und Auswerteeinheit muß
außerdem so modular aufgebaut sein, daß sie durch Austausch
einzelner Komponenten für
- Qualitätssicherung,
- Kollisionsüberwachung und
- Maschinenvermessung
einsetzbar ist.

4 Meßunsicherheit bei Messen in der Werkzeugmaschine

4.1 Meßunsicherheit und Fertigungsunsicherheit

Im folgenden wird die Relation der Meßunsicherheit zur Fertigungsunsicherheit betrachtet, um eine der Einsatzgrenzen von Messen mit der Maschine aufzuzeigen.

Die Anforderungen für die Bearbeitung und die Maßkontrolle der Werkstücke ergeben sich aus den bei der Konstruktion von Werkstücken festgelegten Toleranzen. Neben der direkten Erfassung von Werkstückabmaßen mit dem Ziel, die Einhaltung der geforderten Werkstücktoleranzen zu kontrollieren, gibt es Meßvorgänge, die nur indirekt der Reduzierung von Maßabweichungen dienen, d.h. sie sind für die Sicherung des Fertigungsablaufs erforderlich. Wie Bild 4.1 zeigt, hängt das Verhältnis der zulässigen Meßunsicherheit zur Fertigungsunsicherheit von der jeweiligen Aufgabenstellung ab.

Das Ausmessen einer Bohrung beispielsweise von 50 mm Durchmesser und einer Qualität von IT 7 mit einer zulässigen Toleranz von 0,025 mm, erfordert eine Meßunsicherheit von kleiner 0,005 mm / 3 /. Bei dieser Meßunsicherheit müssen sowohl die Unsicherheiten von drei Antastungen als auch Rundungsfehler der Berechnung berücksichtigt werden. Für die Erfassung eines Durchmessers von 1800 mm auf einer Drehmaschine ist bei einer Qualität von IT 6, dies entspricht einer zulässigen Toleranz von 0,09 mm, eine Meßunsicherheit von 0,018 mm anzustreben. Für die Messung sind zwei Antastungen erforderlich und die Meßunsicherheit von 0,018 mm läßt sich auch hier nicht ohne weiteres erreichen. Bei der Mehrzahl von Werkzeugmaschinen müssen auch bei guten Voraussetzungen der Maschine zusätzliche Korrekturmaßnahmen ergriffen werden.

Die maschinenbedingten Ursachen für Maßabweichungen am Werkstück umfassen z.B. Positionsabweichungen / 3 / und

Meßaufgabe	Zulässige Meßunsicherheit bezogen auf erreichbare Fertigungsunsicherheit		
	größer	gleich	kleiner
Werkstückerkennung u. seiner Lage	X		
Konturaufnahme für Kollisionsüberwachung	X		
Werkstückposition zur Vermittlung der Bearbeitungszugabe	X		
Werkstückposition zur Nullpunktkorrektur	X	X	X
Werkstückabmaß nach Bearbeitungsschritt zur Kompensation			X
Werkstückabmaße zur Endkontrolle und Kontrolle von werkzeugbestimmten Abmaßen			X
Werkzeugabmaß zur Bruchfeststellung	X		
Werkzeugabmaß zur Werkzeugkorrektur			X
Vorrichtungsvermessung			X

Bild 4.1: Meßaufgaben und zulässige· Meßunsicherheit

Verformungen durch Belastungen. Die Summe dieser Abweichungen
wird im folgenden mit s_{Ma} abgekürzt. Durch das beteiligte Werkzeug verursachte Maßabweichungen (s_{WZ}) am Werkstück entstehen
z.B. durch Einspannabweichungen und Maß- und Formabweichungen,
die für eine Folge von Bearbeitungsschritten an einem Werkstück
oder für eine Serie von Werkstücken, die mit dem gleichen Werkzeug bearbeitet wird, konstant bleiben. Unter einem Bearbeitungsschritt wird ein Teil eines Bearbeitungsvorgangs verstanden, der am gleichen Werkstück oder an mehreren Werkstücken
eines Loses auftreten kann. Er ist beendet, wenn die Bearbeitung durch Werkzeugwechsel, Messungen etc. unterbrochen wird.
Die vorrichtungsbedingten Abweichungen (s_V) enthalten z.B. eine
Nullpunktverschiebung, die für eine Serie von Werkstücken mit
gleicher Vorrichtung unverändert bleibt. Die Summe aller durch
das Werkstück bedingte Abweichungen am Werkstück wird mit s_{WS}
bezeichnet.

Beim maschinen-, werkzeug-, vorrichtungs- oder werkstückbedingten Anteil einer Maßabweichung am Werkstück spielen Wärmeverformungen eine Rolle, vorrangig an der Maschine und am Werkstück und in Abhängigkeit von der Größe der beteiligten Elemente, soweit sie konstant sind oder erfaßt werden. Danach ergibt sich für einen Bearbeitungsschritt, bei dem noch keine Fehlerkompensation wirksam ist, am Werkstück eine systematische Gesamtabweichung s_b von:

$$s_b = s_{Ma} + s_{WZ} + s_V + s_{WS} \qquad (4.1)$$

Die einzelnen Abweichungen sind vorzeichenbehaftet und können sich teilweise oder ganz aufheben.

Unter zufälligen, variierenden Abweichungen sollen diejenigen verstanden werden, die nicht vorhersagbar sind, wie z.B. eine falsche Dateneingabe durch den Bediener, oder deren Variation nicht erfaßt wird, weil z.B. geeignete Sensoren fehlen und wirtschaftliche Gründe dagegen sprechen, oder weil ihre Erfassung mit dem Fertigungsprozeß unvereinbar ist, wie z.B. bei der optischen Erfassung einer Schneidkante während der Zerspanung. Wie bei den systematischen Abweichungen werden zufällige variierende Maßabweichungen am Werkstück verursacht durch Fehler an der Werkzeugmaschine (z_{Ma}) wie z.B. die Positionsstreubreite / 3 /, am Werkzeug (z_{WZ}) wie z.B. ausbrechende Werkzeugschneide, an der Vorrichtung (z_V) wie z.B. Nullpunktverschiebungen während der Bearbeitung durch spielbehaftete Indexierung und am Werkstück (z_{WS}) wie z.B. Inhomogenität des Werkstoffes. Nicht erfaßte Temperaturschwankungen gehören auch zu diesen Ursachen. Aus den zufälligen Abweichungen ergibt sich nach dem Fehlerfortpflanzungsgesetz / 25 / eine Gesamtstreuung für das Bearbeitungsergebnis von:

$$z_b = \sqrt{z_{Ma}^2 + z_{WZ}^2 + z_V^2 + z_{WS}^2} \qquad (4.2)$$

Daraus folgt ein Streubereich oder eine Wiederholgenauigkeit
von $2z_b$, wobei die den einzelnen Werten zugrundegelegte Aussagesicherheit gleich sein sollte, damit diese auch für den
Gesamtwert gilt, d.h. die Angabe des Streubereiches ist nur zusammen mit einer Wahrscheinlichkeitsangabe sinnvoll.

4.2 Meßunsicherheit bei Längenmeßgeräten

Die vom Hersteller eines Längenmeßgerätes bereitzustellende Angabe der Meßunsicherheit $U = A + K l \leq B$ / 24 / setzt sich zusammen aus einem konstanten Teil (A) und einem meßlängenabhän-
gigen Teil (K·l). B steht für den maximalen Wert der Meßunsicherheit, die in der Regel mit einer Aussagewahrscheinlichkeit
von 95,4 % angegeben wird. Systematische Anteile werden nicht
ausgewiesen, weil diese bei der Konstruktion und Herstellung
der Meßgeräte weitgehend vermieden oder kompensiert werden.

Die verbleibenden systematischen Abweichungen gehen in die Angabe der zufälligen Abweichungen ein. Eine Kompensation der
verbleibenden systematischen Abweichungen ist meistens möglich,
indem der Anwender Testmessungen an Endmaßen durchführt und
z.B. Nullpunktkorrekturen am Meßgerät vornimmt. Abhängig davon,
ob die Meßunsicherheit als absoluter Wert (U_a) entsprechend der
Werkstücktoleranz T angegeben ist oder als relativer Wert (U_r),
der dem Wert U bei einem Mehrkoordinatenmeßgerät entspricht
und der sowohl positiv als auch negativ auftreten kann, sollte
die zulässige Meßunsicherheit $U_a \leq 0,2$ T oder $U_r \leq 0,1$ T betragen / 24 /.

4.3 Meßunsicherheit bei Messen mit der Werkzeugmaschine

Für die Werkzeugmaschine wird eine Angabe, die dem Wert U_a beim
Längenmeßgerät entspricht, vom Hersteller üblicherweise nicht
gemacht. Bei der Maschinenabnahme nach VDI 3441 gemessene Werte
für Positionsabweichung, Umkehrspanne und die systematischen

Abweichungen des Tasters gehören zum systematischen Anteil
der Meßunsicherheit beim Messen mit der Maschine (s_m). Die
Positionsstreubreite der Maschine und die Streubreite des
Referenzpunktes des Tastersystems sind wichtige Anteile der zufälligen Meßunsicherheit (z_m) beim Messen mit der Maschine.
Beide Anteile der Meßunsicherheit sind nur durch Testmessungen
zu erhalten.

Wird die Angabe der Meßunsicherheit für die Bestimmung eines
Längenmaßes wie beim Mehrkoordinatenmeßgerät auf zwei Antastungen in einer Koordinatenrichtung bezogen, so ergibt sich
unter Berücksichtigung der systematischen und zufälligen Abweichungen als relative Meßunsicherheit

für den Antastpunkt 1: $\qquad U_{r1}= s_{m1} + z_{m1}$ $\qquad$ (4.3)

für den Antastpunkt 2: $\qquad U_{r2}= s_{m2} + z_{m2}$ $\qquad$ (4.4)

Die Abweichungen sind von der jeweiligen Maschinenposition,
nicht aber von der Lage des Referenzpunktes abhängig. Die Bestimmung des gewünschten Istmaßes wird aus der Differenz der
Positionswerte der Antastpunkte, die systematische Abweichung
des Istmaßes aus der Differenz der systematischen Abweichungen
an den einzelnen Positionen berechnet. Die zufällige Abweichung
des Istmaßes jedoch ist durch die Wurzel aus der Summe der Qua-
drate der Streubereiche an den jeweiligen Positionen bestimm-
bar. Die Schwankungen des Streubereichs von Position zu Position hängen von der Güte der Werkzeugmaschine ab.

Aber auch die systematischen Abweichungen sind wegen der zeitlichen Abstände zwischen Maschinenvermessung und den Meßvorgängen am Werkstück in ein und derselben Position Schwankungen
unterworfen, die z.B. durch unterschiedliche Ausmaße von Wärmeverformungen, bedingt durch wechselnde Bearbeitungsabläufe oder
Umgebungsbedingungen, auftreten. Aussagen über die zu erwar-
tende Bandbreite können aufgrund von Testmessungen gemacht
werden. Ein so gewonnener Erfahrungswert (K) spielt mit

zunehmender Meßlänge 1 der beiden Antastpositionen eine oft
nicht vernachlässigbare Rolle. Für die relative Meßunsicherheit
von Abstandsbestimmungen mit der Werkzeugmaschine ergibt sich
aus den Meßunsicherheiten der Antastpunkte 1 und 2 nach dem
Fehlerfortpflanzungsgesetz

$$U_r = s_{m1} - s_{m2} + \sqrt{2} \cdot z_m + K \cdot 1 \qquad (4.5)$$

Wenn eine Kompensation der systematischen Abweichungen erfolgt, gilt

$$U_r = \sqrt{2} \cdot z_m + K \cdot 1 \qquad (4.6)$$

Diese Angabe entspricht der für Mehrkoordinatenmeßgeräte,
wenn $\sqrt{2} \cdot z_m$ durch den für Mehrkoordinatenmeßgeräte konstanten
Teil A der Meßunsicherheit ersetzt wird.

4.4   Einfluß der Fertigungsunsicherheit auf die Kompensation

4.4.1 Einfluß auf die Kompensation ohne Berücksichtigung der Meßunsicherheit

Für Werkzeugmaschinen muß davon ausgegangen werden, daß nach
einem Bearbeitungsschritt ein Bearbeitungsergebnis innerhalb
der Toleranz (T_{bO})

$$T_{bO} = 2(s_b + z_b) \qquad (4.7)$$

liegt. Ziel der Korrektur ist es, nach diesem Bearbeitungsschritt die systematische Gesamtabweichung s zu erfassen und
zu kompensieren. Wenn keine Trennung zwischen dem systematischen und dem zufälligen Anteil vorgenommen wird, z.B. weil
dies nach dem ersten Bearbeitungsschritt nicht möglich ist,
vergrößert sich der Streubereich beim zweiten Bearbeitungsschritt. Welcher Streubereich beim korrigierten Bearbeitungsschritt angenommen werden muß, soll im folgenden mit Hilfe der
Wahrscheinlichkeitsrechnung bestimmt werden.

Das Bearbeitungsergebnis, das als Basis für die Korrekturwertbildung dient, sei die Zufallsvariable V1, die den Erwartungswert μ_1 und die Varianz σ_1^2 besitzt / 25 /. Das Bearbeitungsergebnis des korrigierten Bearbeitungsschrittes sei die Zufallsvariable V2 mit dem Erwartungswert μ_2 und der Varianz σ_2^2 . Für
beide Ergebnisse soll weiterhin gelten, daß sie eine Normalverteilung N besitzen und stetig sind. Dann gilt für die

Zufallsvariable V1: $N(\mu_1 , \sigma_1^2)$
Zufallsvariable V2: $N(\mu_2 , \sigma_2^2)$

Die beiden Zufallsvariablen lassen sich zu einer dritten Zufallsvariablen W zusammenfassen / 25 /:

$$W: \quad N(\mu_1 - \mu_2 \ / \ \sigma_1^2 + \sigma_2^2) \qquad (4.8)$$

Für $\mu_1 = \mu_2$ und $\sigma_1 = \sigma_2$ ist
die Differenz der Erwartungswerte = 0
die Streuung $\qquad = \sqrt{2 \cdot \sigma^2} = \sqrt{2} \cdot \sigma$

Für die einhaltbare Toleranz T_{b1} nach einer korrigierten Bearbeitung folgt dann:

$$T_{b1} = 2(s_b - s_b + \sqrt{z_b^2 + z_b^2}\,)$$

$$T_{b1} = 2\sqrt{2}\, z_b \qquad\qquad (4.9)$$

Bild 4.2 zeigt die am Beispiel zweier Bearbeitungsergebnisse
einhaltbare Toleranz ohne und mit Korrekturrückführung.
Vergleicht man die Toleranzbänder, so folgt, daß für alle Bearbeitungsprozesse, bei welchen $s_b < (\sqrt{2} - 1) \cdot z_b$ ist, die
Toleranzbreite durch eine Korrekturrückführung verbreitert,
das Bearbeitungsergebnis also verschlechtert wird. Nur wenn
$s_b > (\sqrt{2} - 1) \cdot z_b$ ist, wird die einhaltbare Toleranz durch undifferenzierte gemeinsame Korrektur von systematischen und zufälligen Abweichungen verbessert.

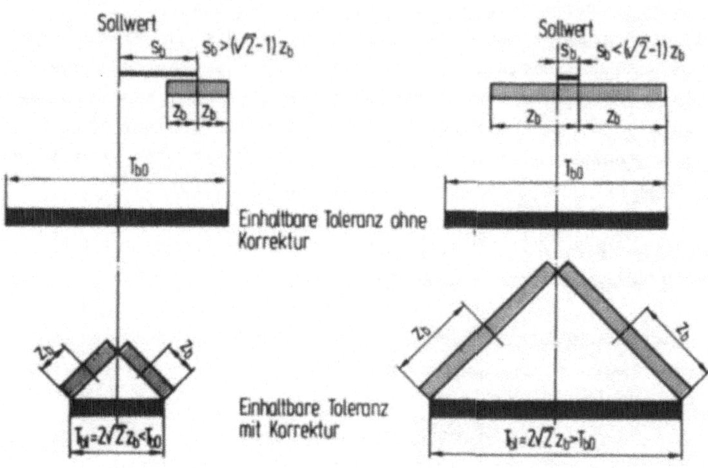

Bild 4.2: Beispiele für den Einfluß von Korrekturrückführungen

Verbesserbar wird das Bearbeitungsergebnis, wenn bei der Erfassung des Istmaßes zwischen systematischen und zufälligen
Abweichungen unterschieden werden kann und der Korrekturwert
aufgrund der systematischen Abweichungen berechnet wird. Im
Idealfall ist danach die erreichbare Toleranz (T_{bm})

$$T_{bm} = 2z_b$$

Eine vollstängige Trennung zwischen systematischen und zufälligen Abweichungen ist nicht erreichbar, doch ist mit einer auf
Mittelwerten basierenden Korrekturwertberechnung eine An-
näherung möglich.

Über die erreichbaren Verbesserungen lassen sich mit Hilfe der
Wahrscheinlichkeitsrechnung Aussagen machen. Es wird davon ausgegangen, daß das Bearbeitungsergebnis von vergleichbaren Bearbeitungsschritten entsprechend einer Gaußschen Glockenkurve
streut. Dann läßt sich das schwache Gesetz der großen

Zahlen / 25 / auf die Bearbeitungsergebnisse anwenden. Für jede
Anzahl n von Bearbeitungsschritten sind dann die Zufallsvariablen x_1, x_2, ... x_n, die sich aus der Differenz von Istabmes-
sung und Sollabmessung ergeben, paarweise unabhängig und besitzen alle denselben Erwartungswert u und dieselbe Varianz σ^2 .
Folglich gilt für jede Abweichung $\varepsilon > 0$ vom Erwartungswert:

$$\lim_{n \to \infty} P\left(\left| \frac{1}{n} \sum_{i=1}^{n} (x_i - \mu) \right| \geq \varepsilon \right) = 0 \qquad (4.10)$$

Nach dem zentralen Grenzwertsatz / 25 / gilt für den standardi-
sierten Mittelwert der Abweichungen x , wenn x = - x ist:

$$P(\mu - \varepsilon \leq \bar{x} \leq \mu + \varepsilon) = P\left(\frac{\mu - \varepsilon - \mu}{\sigma / \sqrt{n}} \leq \frac{\bar{x} - \mu}{\sigma / \sqrt{n}} \leq \frac{\mu - \varepsilon - \mu}{\sigma / \sqrt{n}} \right) =$$

$$P\left(- \frac{\varepsilon \sqrt{n}}{\sigma} \leq \bar{x}* \leq \frac{\varepsilon \sqrt{n}}{\sigma} \right) \approx 2\phi\left(\frac{\varepsilon}{\sigma} \sqrt{n} \right) - 1$$

Dabei ist ϕ die Verteilungsfunktion der N(0;1) Verteilung.

Setzt man $p_n = P\left(\left| \frac{1}{n} \sum_{i=1}^{n} (x_i - \mu) \right| \leq \varepsilon \right)$, so folgt

$$2\phi\left(\frac{\varepsilon}{\sigma} \sqrt{n} \right) - 1 \approx p_n \qquad (4.11)$$

$$\phi\left(\frac{\varepsilon}{\sigma} \sqrt{n} \right) \approx \frac{p_n + 1}{2}$$

Durch Einsetzen des Wertes 0,954 (95,4%) für die Aussagewahrscheinlichkeit p_n läßt sich aus der Verteilungsfunktion o der
N(0;1)-Verteilung ein Zahlenwert für (- n) feststellen / 25 /.

Aus $\quad \phi\left(\frac{\varepsilon}{\sigma} \sqrt{n} \right) = \frac{1 + 0,954}{2} = 0,977$

folgt $\quad \frac{\varepsilon}{\sigma} \sqrt{n} = 2$

Aus dieser Gleichung wird dann die Verbesserung des Mittelwertes berechnet.

Bei einer Aussagewahrscheinlichkeit von 95,4% ergibt sich für die Abweichung vom Mittelwert der Bearbeitungsergebnisse

$$\varepsilon = \frac{2\sigma}{\sqrt{n}} = \frac{2z_b}{\sqrt{n}}$$

Je größer die Anzahl n der berücksichtigten Bearbeitungsschritte desto genauer läßt sich der Mittelwert bestimmen. Die aufgrund des verbesserten Mittelwertes erzielbare Reduzierung der einhaltbaren Werkstücktoleranz (T_{bn}) nach n Bearbeitungsschritten ist in Bild 4.3 dargestellt.

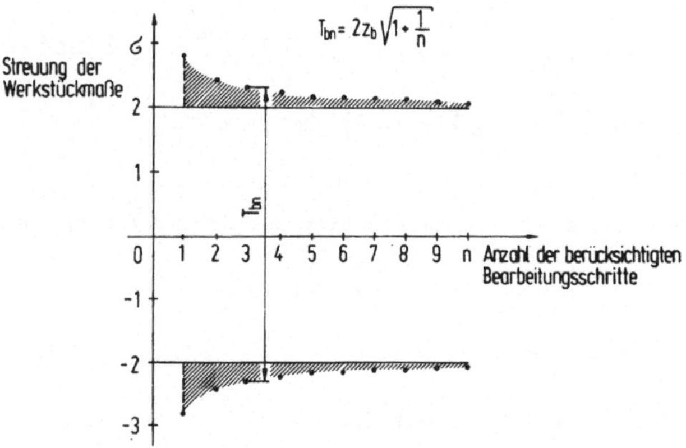

Bild 4.3: Verbesserung der Bearbeitungsergebnisse durch Mittelwertberechnung

Diese Möglichkeit der Verbesserung des Korrekturwertes ist bereits ab dem 2. Korrekturvorgang nutzbar. Um diese Verbesserungsmöglichkeit zu nutzen, ist es notwendig, zu verschiedenen Zeitpunkten gemessene Maßabweichungen, die ein Werkstückabmaß betreffen, zu kennzeichnen und abzuspeichern. Der Mittelwert von n Maßabweichungen wird nach der Formel

$$\bar{x}_n = \frac{(n-1)\bar{x}_{n-1} + k_w + x}{n} \tag{4.13}$$

berechnet.

Für den Fall, daß eine Maßabweichung mit einer Nullpunktverschiebung in einer Achse ausgleichbar ist, stellt der Mittelwert die Basis für den Korrekturwert dar. Ist bei einem Bearbeitungsschritt bereits korrigiert worden, dann ist der
bereits verwendete Korrekturwert k_w unter Beachtung des Vor-
zeichens der aktuellen Maßabweichung hinzuzuaddieren.

Bei trendfreier Streuung wird mit steigender Anzahl berücksich-
tigter Maßabweichungen die Differenz zur wirklichen.systema-
tischen Abweichung immer kleiner. Bei einer Mittelwertbildung
aus zehn Abweichungen werden bereits 88,3% der möglichen An-
näherung erreicht. Wenn aber ein Trend auftritt, d.h. wenn pro
Bearbeitungsschritt mit einer Veränderung der systematischen
Gesamtabweichung um den Wert s_T zu rechnen ist, dann ist dieser
Trend mit $2s_T$ bei der einhaltbaren Toleranz T_{bT} zu berücksichtigen, und es gilt

$$T_{bT} = 2s_T + 2\sqrt{z_b^2 + \frac{z_b^2}{n}} \qquad (4.14)$$

Durch Korrektur mit einem Mittelwert aus den Abweichungen
zweier Bearbeitungsschritte verringert sich die einhaltbare
Toleranz nach Gleichung 4.12 um den Wert $2(2\,z_b - \frac{3}{2}z_b)$.
Wenn der durch Mittelwertbildung halbierte Trendeinfluß größer
ist als die Verringerung der Streuung, d.h. wenn

$$\frac{2s_T}{2} > 2(\sqrt{2}\,z_b - \sqrt{\frac{3}{2}}\,z_b)$$

ist, dann verschlechtert die Korrekturwertermittlung durch
Mittelwert das Bearbeitungsergebnis. Mit kleiner werdendem
Trendanteil s_T im Vergleich zur Streuung z_b ergibt sich eine
Verbesserung des Bearbeitungsergebnisses durch Mittelwertbildung. Welche Anzahl von Bearbeitungsschritten als Grundlage
für die Mittelwertbildung das beste Ergebnis liefert, hängt
vom Trendverlauf ab.

4.4.2 <u>Einfluß der Kompensation mit Berücksichtigung der Meßunsicherheit</u>

Beim Messen mit der Maschine gilt nach dem Fehlerfortpflanzungsgesetz für zwei Antastungen

$$T_U = 2(s_{m1} - s_{m2} + \sqrt{2}\,z_m + K \cdot 1) = 2U_r \qquad (4.15)$$

Wird die bearbeitungsbedingte Streuung mit berücksichtigt, so ergibt sich nach der 1. Korrektur eine einhaltbare Werkstücktoleranz

$$T_{zU} = 2(s_{m1} - s_{m2}) + \sqrt{8z_b^2 + 4(\sqrt{2}\,z_m + K \cdot 1)^2} \qquad (4.16)$$

Soll durch Messen mit der Maschine das Bearbeitungsergebnis einer aufgrund von Messen mit der Maschine beeinflußten Bearbeitung überprüft werden, ist der zufällige Anteil der Meßunsicherheit noch einmal hinzuzurechnen. Danach gilt nach dem Fehlerfortpflanzungsgesetz und unter Beibehaltung der vorgegebenen Aussagewahrscheinlichkeit für die vorzugebende Werkstücktoleranz

$$T_{z2U} = 2(s_{m1} - s_{m2}) + \sqrt{8z_b^2 + 8(\sqrt{2}\,z_m + K \cdot 1)^2} \qquad (4.17)$$

Die Formel macht deutlich, welchen Einfluß die Meßunsicherheit auf das Bearbeitungsergebnis nach Kompensation und nochmaligem Messen zur Überprüfung hat. Der Einsatz von Korrekturmaßnahmen aufgrund von Messen mit der Maschine hängt von der Größe von s_m, z_m und K ab.

Um z.B. den Wert z_m einer mit einem schaltenden Taster ausgerüsteten Fräsmaschine zu erhalten, wurden Testmessungen durchgeführt. Dabei wurde das im Bild 4.4 dargestellte Testwerkstück verwendet und auf dem Maschinentisch in den Positionen 1 bis 3 befestigt. An jeder Position wurden nacheinander alle sechs Stufen des Testwerkstücks 10 mal angetastet.

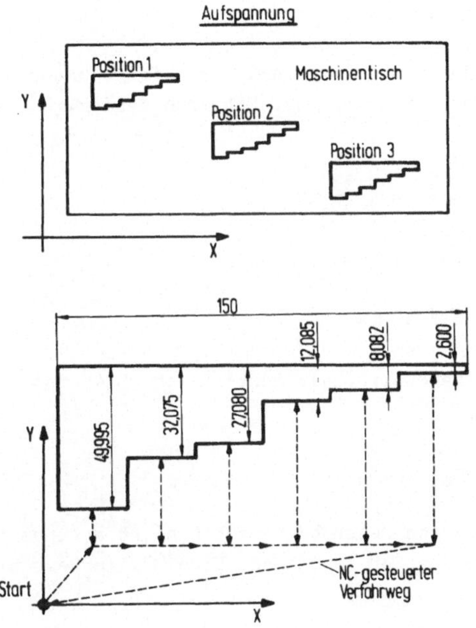

Bild 4.4: Testwerkstück und Anordnung auf dem Maschinentisch
einer Fräsmaschine

In Bild 4.5 sind die Einzelergebnisse, die in Position 1 gemessen wurden, dargestellt. Die in Position 2 und 3 gemessenen Werte wichen nur unbedeutend von denen in Position 1 ab. Die Auswertung nach der Range-Methode / 3 / ergibt bei n Meßpositionen für die mittlere Spannweite / 3 /

$$\bar{R} = \frac{\sum\limits_{i=1}^{n} R_i}{n}$$

Für die sechs Stufen des Testwerkstückes gilt dann:

$$\overline{R} = 4{,}33\ \mu m$$

Für die Standardabweichung (s_R) / 3 / folgt unter Berücksichtigung des von der Anzahl der Meßwerte abhängigen Faktors d_n / 3 /:

$$s_R = \frac{\overline{R}}{d_n} = \frac{4{,}33}{3{,}078}\mu m$$

Für n = 10 Meßwerte ergibt sich:

$$s_R = 1{,}41\ \mu m$$

Bei einer Aussagewahrscheinlichkeit von 95,4% ist

$$z_m = 2s_R$$
$$z_m = 2{,}82\ \mu m$$

Die durchgeführten Messungen reichen nicht aus, um daraus Werte für K und s_m zu bestimmen. Eine Möglichkeit hierzu wird

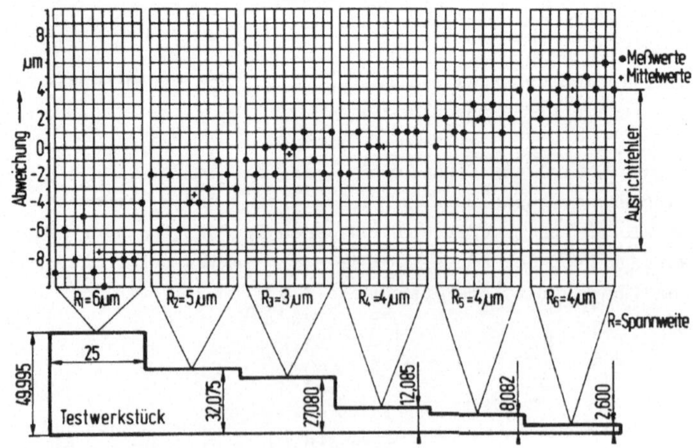

Bild 4.5: Ergebnisse der Testmessungen

in Kapitel 8.2 vorgestellt. Bei der Bestimmung von Maßen
<50 mm sind in der Regel K und $s_{m1}-s_{m2}$ unbedeutend. Sie werden
deshalb in dem folgenden Beispiel vernachlässigt.

Mit derselben Werkzeugmaschine soll ein Steg nach dem folgenden
Ablauf bearbeitet werden.
- 1. Seitenfläche des Stegs bearbeiten,
- 2. Seitenfläche des Stegs mit Aufmaß bearbeiten,
- Messen mit der Maschine und Korrekturwertermittlung,
- 2. Fläche mit Korrekturwert bearbeiten,
- Messen mit der Maschine zur Feststellung des Bearbeitungsergebnisses, falls erforderlich mit Korrekturwertermittlung.

Ausschlaggebend für den Einfluß des zufälligen Anteils der
Meßunsicherheit auf das Bearbeitungsergebnis ist dessen Relation zur Streuung z der Bearbeitung. Unter der Annahme, daß
z_m groß gegenüber K·l und z_b ist und auch $s_{m1}-s_{m2}$ vernachlässigt werden kann, ergibt sich für die Auswirkung von z_m nach
Formel (4.17) für Korrektur und Nachprüfung

$$T_{z2U} = \sqrt{8(\sqrt{2}\, z_m)^2}$$
$$T_{z2U} = \quad 4 z_m$$
$$T_{z2U} = \quad 11,28 \ \mu m$$

Dies bedeutet, daß z.B. bei der Herstellung eines Stegs mit
der Breite 10 mm nach dem beschriebenen Ablauf aufgrund der
Meßunsicherheit nur eine Qualität von IT 7 erreichbar ist. Um
Abmaße dieser Qualität herstellen zu können, ist eine Verringerung der Meßunsicherheit erforderlich, da außerdem auch noch
die bearbeitungsbedingte Streuung vorhanden ist.

An einer Drehmaschine wurden ebenfalls Testmessungen durchgeführt, dabei war die in Bild 4.6 gezeigte Anordnung vorhanden.

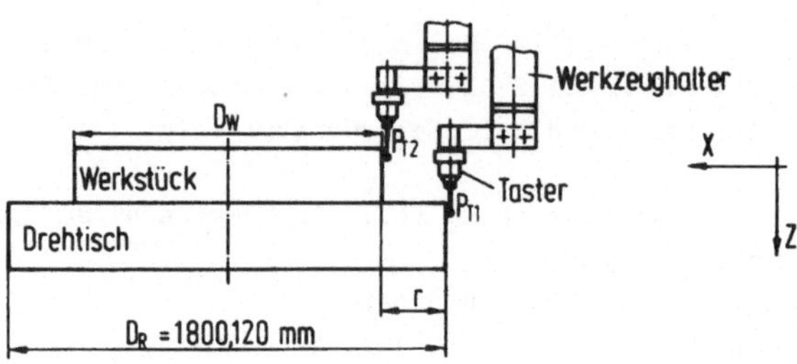

Bild 4.6: Versuchsanordnung zur Durchführung von Testmessungen
an einer Drehmaschine

Da der Verfahrweg der X-Achse nur bis zur Drehtischmitte
reicht, sind zumindest bei Werkstücken, deren Durchmesser
größer ist als der Verfahrweg, nur Antastungen von einer Seite
möglich. Der Werkstückdurchmesser ist deshalb nur indirekt
durch die Bestimmung der Differenz r zwischen Werkstückaußen-
fläche und Drehtischaußenfläche möglich. Das bedeutet, daß bei
der Meßunsicherheit zwei Antastungen zu berücksichtigen sind
und für die Angabe der Meßunsicherheit des Durchmessers weiterhin eine Verdoppelung notwendig ist.

Die Maschine war ursprünglich nur mit einem indirekten Meßsystem, einer Kugelrollspindel mit Drehgeber, ausgerüstet. Aufgrund zu großer Meßunsicherheit wurde ein direktes Meßsystem,
in diesem Fall ein Glasmaßstab, zusätzlich angebaut. Bild 4.7
zeigt im Vergleich die Ergebnisse der Durchmesserbestimmung mit
indirektem und direktem Meßsystem. Dabei brachte der Einsatz
des direkten Meßsystems eine Reduzierung der Spannweite von
192 µm auf 56 µm, d.h. eine Verbesserung um 71%. Die Meßunsicherheit betrug immer noch etwa das 10-fache der erforderlichen. Weitere Untersuchungen ergaben, daß die Streuung der
Meßergebnisse von Schwingungen herrührte, die von den Antriebsverstärkern der Achsantriebsmotoren verursacht wurden.

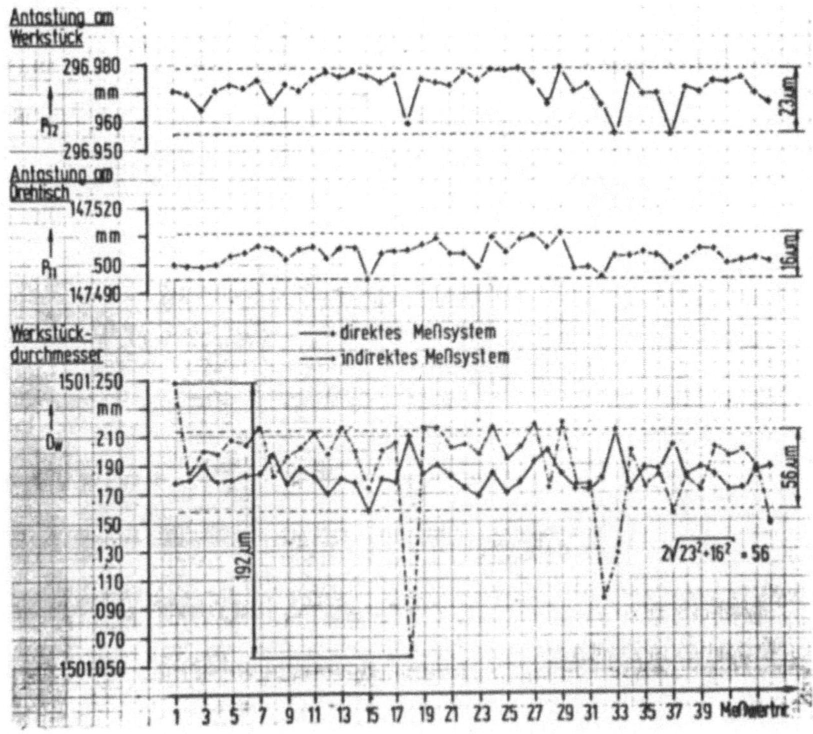

Bild 4.7: Ergebnisse der Durchmesserbestimmung mit einer
Drehmaschine

Eine Aussage über die bei Messen mit der Maschine erreichbare
Verbesserung des Bearbeitungsergebnisses läßt sich nur in Abhängigkeit von der jeweils eingesetzten Werkzeugmaschine
machen. Es wurde gezeigt, welche Auswirkungen systematische
und zufällige Abweichungen sowohl der Bearbeitung als auch des
Messens nach ein- oder mehrmaliger Korrekturrückführung haben.
Die aufgestellten Formeln erlauben eine quantitative Bestimmung
dieser Auswirkungen, wie am Beispiel der Testmessungen zu er-
sehen ist.

5   <u>Anforderungen an die an Messen mit der Maschine beteiligten</u>
    <u>Komponenten</u>

Die Komponenten, die bei Messen mit der Maschine benötigt
werden, sind in Bild 5.1 dargestellt. In diesem Kapitel werden
die Anforderungen formuliert und ihre Realisierungsmöglich-
keiten bewertet.

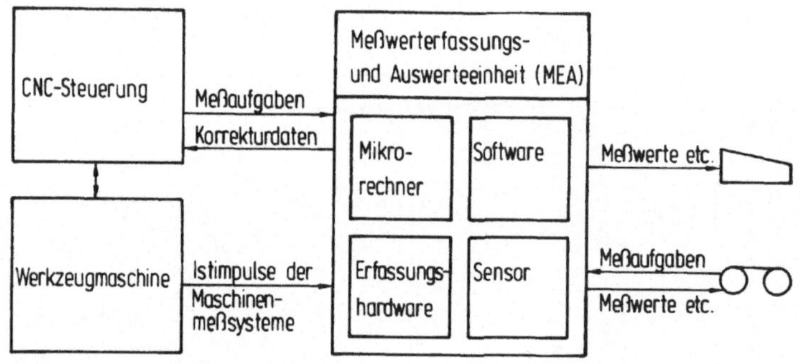

Bild 5.1: Komponenten bei Messen mit der Maschine

5.1 <u>Anforderungen an den Sensor</u>

Es soll ein schaltender Taster zum Einsatz kommen, weil er die
größere Vielfalt von Meßaufgaben lösen kann und seine Anschaffung mit den niedrigsten Kosten verbunden ist. Der zu
entwickelnde Taster soll
- genauer sein als die auf dem Markt befindlichen schaltenden
  3-D-Taster,
- weniger empfindlich gegenüber Schwingungen und Erschütterungen sein,
- besser geschützt sein gegen Kollision,
- eine größere Vielfalt von Meßaufgaben lösen können und
- hohe Antastgeschwindigkeiten zulassen.

Die Dimensionierung von Auslenkweg, Taststiftlänge und Tastergehäuse wird weitgehend vom Konstruktionsprinzip bestimmt.
Jedoch ist ein längerer Auslenkweg für Messen mit der Maschine
grundsätzlich günstig, weil dann für den Meßvorgang eine relativ grobe Angabe des Antastweges ausreicht und weil eine höhere
Antastgeschwindigkeit gefahren werden kann. Außerdem hat ein
kurzer Antastweg den Nachteil, daß ein zu großes Aufmaß zu
Tasterbeschädigung führt und andererseits bei Untermaß ein Meßobjekt außer Reichweite liegen kann.

Um eine möglichst große Vielfalt von Meßaufgaben zu lösen, ist
ein relativ dünner und langer Stab mit einer um etwa 1 mm dik-
keren Kugel ideal. Ein schlanker Stab kann jedoch die Anforderungen in bezug auf Stabilität und Genauigkeit nicht erfüllen, außerdem kann auf eine Auslenkmechanik nicht verzichtet
werden, da die Verformung eines ausreichend stabilen Stabes
als Auslenkweg nicht genügt. Als Grundform für ein- und mehrdimensionale Taster ergibt sich ein Gehäuse mit auskragendem
und auslenkbarem Stift.

Bild 5.2 verdeutlicht, daß bei drehender Bearbeitung mit einer
winkligen Taststift- und Gehäuseanordnung die meisten Messungen
durchgeführt werden können.

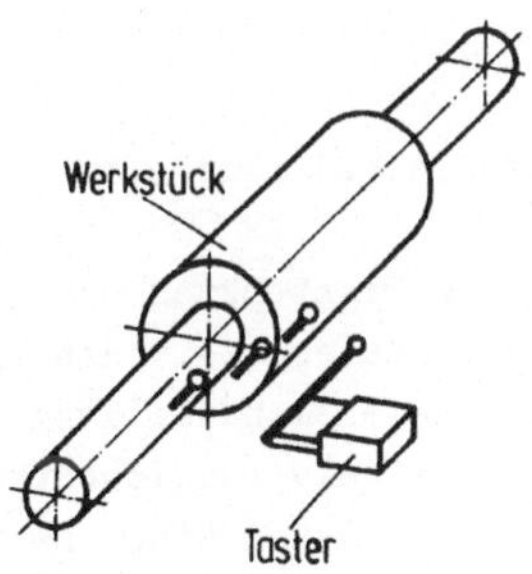

Bild 5.2: Typische Antastfälle bei rotatorischen Werkstücken

Bei prismatischen Teilen sind jedoch nicht nur Antastungen im
Bereich des Außenumrisses sondern auch innerhalb des Außenumrisses erforderlich. Antastung 3 und 5 in Bild 5.3 zeigen die
Notwendigkeit der Auslenkung des Taststiftes in positiver und
negativer Richtung der Z-Achse. Außerdem zeigen die Fälle 3, 4
und 5, daß entweder die Taststiftlänge in Z-Richtung größer als
die Werkstückabmessung "h" oder der abgewinkelte Taststift in
X-Richtung länger als der halbe Gehäusedurchmesser des Tasters
sein muß. Da mit größerer Taststiftlänge die Meßunsicherheit
größer wird, sollte das Tastergehäuse einen möglichst kleinen
Durchmesser haben.

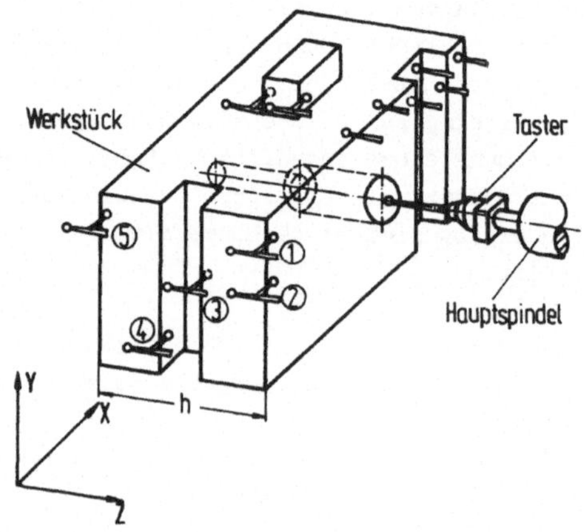

Bild 5.3: Typische Antastfälle bei prismatischen Werkstücken

Günstig ist eine Lagerung des Drehpunktes des Taststiftes im
hinteren Bereich des Tastergehäuses, weil dann der zur Sicherung des Tasters erforderliche Auslenkweg länger ist, wie Bild
5.4 zeigt. Ideal ist eine Parallelverschiebbarkeit des Taststiftes, was einem unendlich großen Abstand zwischen Drehpunkt
und Tasterspitze entspricht. Dieses Konstruktionsprinzip bietet
optimale Bruchsicherung für den Taster und kurze Antastzeiten.

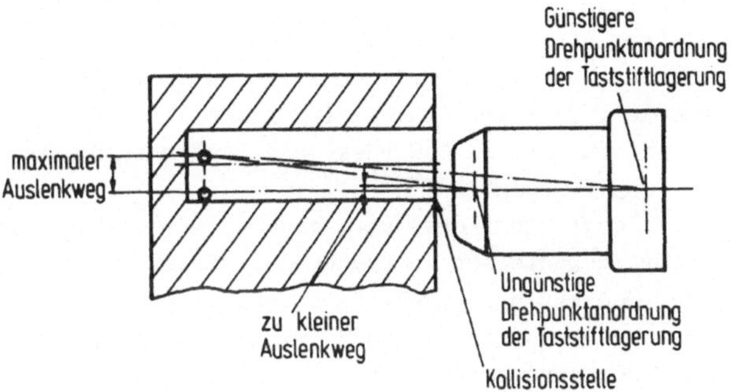

Bild 5.4: Konstruktionsprinzipien für Taststiftlagerungen
bei 3-D-Tastern

Da Antastungen in drei Richtungen erfolgen, ist eine punkt-
symmetrische Auslenkung am besten geeignet, da bei dieser Aus-
lenkgeometrie die Kompensation von systematischen Abweichungen
des Tasters wegen der Unabhängigkeit ihrer Größe von der Auslenkrichtung am problemlosesten erfolgen und somit eine höhere
Genauigkeit erreicht werden kann. Für den zu entwickelnden
Taster soll eine 90 Grad Symmetrie gefordert werden, die gegenüber der 120 Grad Symmetrie / 17 / die bessere Lösung dar-
stellt. Die konstruktive Lösung für einen punktsymmetrisch aus-
lenkenden Taster muß offen bleiben.

Um Forderungen wie Schwingungsunempfindlichkeit und hohe Wiederholgenauigkeit zu erfüllen, muß bei schaltenden Tastern die
Lagerung des Taststiftes die in Bild 5.5 dargestellte Auslenkcharakteristik besitzen, d.h. der Anstieg der Auslenkkraft bezogen auf den Auslenkweg soll im Bereich der Ruhelage des Tast-
stifts möglichst steil sein, um einen definierten Nullpunkt zu
erreichen, der durch Störungen wie Schwingungen unbeeinflußt
bleibt. Zur Vermeidung des ebenfalls in Bild 5.5 eingezeichneten Hystereseverlaufs muß die Taststiftlagerung aus rei-
bungsfreien Konstruktionselementen bestehen.

Nach dem Schaltsignal, das der schaltende Taster nach der Berührung mit dem Meßobjekt oder einem definierten Auslenkweg
abgibt, soll der Anstieg der Auslenkkraft in Relation zum Auslenkweg abnehmen, da sonst eine Auslenkkraft entsteht, die zu
bleibenden Verformungen an Meßobjekt und Taster führen kann.

Der Stromkreis darf nicht erst unterbrochen werden, wenn nur
noch die Federkonstante der Vorspannfeder wirksam ist, wie dies
dem Stand der Technik bei 3-D-Tastern entspricht / 17 /, da
sonst die Anforderungen bezüglich Schwingungsunempfindlichkeit und Wiederholgenauigkeit nicht optimmal erfüllt werden.
Der in Bild 5.5 mit der dicken Linie dargestellte Zusammenhang
zwischen Auslenkkraft und Auslenkweg charakterisiert einen Taster, wie er hier für Messen mit der Maschine gefordert werden
soll, mit kleiner Federvorspannung, mit großer Federkonstante
von Taststift und Lagerelementen und mit kleiner Federkonstante
der Rückstellfeder.

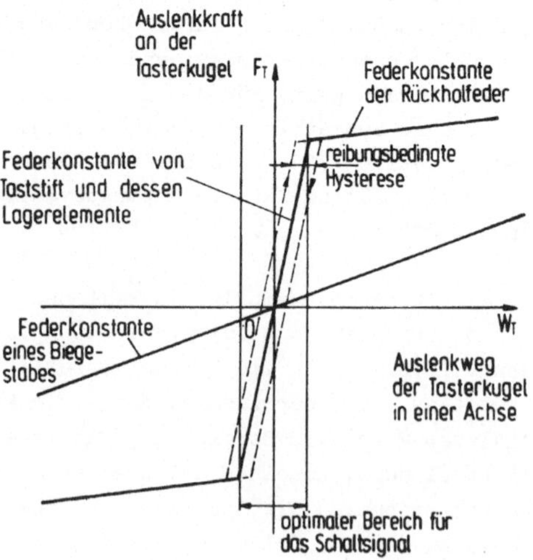

Bild 5.5: Auslenkcharakteristik von schwingungsunempfindlichen
Tastern mit hoher Wiederholgenauigkeit

Je nach Genauigkeitsanforderungen und prozeßbedingten Einflüssen werden bei schaltenden Tastern hauptsächlich drei Schaltprinzipien eingesetzt:

- Schaltsignal durch Kontakt von Tasterkugel und angetasteter Meßobjektoberfläche,
- die Auflagepunkte der Taststiftlagerung sind gleichzeitig Schalter,
- Messung des Auslenkweges und Schaltsignalgenerierung erfolgt nach einem vorgegebenen Auslenkweg.

Das erste Prinzip setzt eine elektrisch leitfähige Oberfläche beim Meßobjekt voraus. Falls die Oberfläche nicht von einer Öl-, Kühlmittel- oder auch Oxydschicht bedeckt ist, ergibt dieses Prinzip sehr gute Meßergebnisse. Der tatsächliche Schaltweg von der ersten Berührung bis zur Abgabe des Schaltsignals ist, wie Versuche zeigten, kleiner als 1 μm.

Das zweite Prinzip vermeidet die Oberflächenabhängigkeit des Schaltsignals. Auslenkrichtung, Größe der Federvorspannung, Taststiftgeometrie und Einbaulage beeinflussen den Schaltweg und damit die erreichbare Genauigkeit, die i.a. geringer ist als bei Prinzip 1 / 18 /.

Durch die Messung des Auslenkweges werden bei Prinzip 3 die Nachteile von Prinzip 1 und 2 vermieden. Auch hier ist die erreichbare Genauigkeit von der Taststiftgeometrie abhängig. Außerdem ist die Verhinderung von Schaltpunktschwankungen durch unterschiedliche Auslenkrichtungen aufwendig. Dieses Prinzip ermöglicht hohe Genauigkeit bei hohem technischem Aufwand / 15 /.

Für den zu entwickelnden Taster soll Prinzip 1 zur Anwendung kommen und außerdem die Signalübertragung durch Leitungen mit Steckverbindungen erfolgen. Beides zusammen ist mit geringem Aufwand zu realisieren. Dabei soll die Zahl der Leitungen so klein wie möglich sein, und diese Verbindungen sollen während

einem Meßvorgang ständig überwacht werden. Das Antastsignal
ist zu entprellen, und es sollte auch während der ganzen Aus-
lenkzeit des Taststiftes aktiv bleiben, weil dann der Antastweg ebenfalls überwacht werden kann.

5.2 Anforderungen an die Werkzeugmaschine

Die Anforderungen, die an eine Werkzeugmaschine beim Messen
mit der Maschine zu stellen sind, resultieren aus der geforderten Meßgenauigkeit. Deshalb sollen sowohl die systematischen als auch die zufälligen Abweichungen der Werkzeugmaschine möglichst klein sein.

Maschinenbedingte Meßunsicherheit kann verursacht sein durch
Geometrieabweichungen von Gestell, Führungsbahnen, Meßsystemen
und durch Verformungen aufgrund des Gewichts von Maschinenteilen, die auch von der Position dieser Elemente abhängig
sind. Da die ursachenabhängige detaillierte Erfassung zu aufwendig ist, wird für die Kompensation eine positionsabhängige
Gesamtabweichung angestrebt, z.B. in Form einer dreidimen-
sionalen Korrekturmatrix, die durch Maschinenvermessung ermittelt wird (s. Kap. 8.2).

Wenn die systematischen Abweichungen jedoch nicht über einen
längeren Zeitabschnitt konstant gehalten werden können, muß die
Werkzeugmaschine z.B. im Abstand von Monaten neu vermessen
werden. Die Veränderungen der systematischen Fehler können verringert werden, indem indirekte durch direkte Meßsysteme ersetzt werden, wodurch sowohl zufällige als auch systematische
Fehler reduziert werden. Auch spielfreie und reibungsarme Achs-
führungen sind aus diesem Grunde zu fordern.

Soll z.B. eine Abstandsmessung durchgeführt werden, so ist nach
Kap. 4.4.2 Gleichung (4.15) für die Relation zwischen Posi-
tionsstreubreite (z_M) und zulässiger Meßunsicherheit (U_Z) der
Maschine zu fordern, daß $z_M \leq 1/\sqrt{2}\, U_Z$ und daß der systematische
Fehler der Maschine vernachlässigbar klein ist.

Aus den in Bild 4.7 dargestellten Meßergebnissen ergibt sich,
daß Ursachen für Schwingungen der Maschine zu vermeiden oder zu
beseitigen sind. Eine vorrangige Maßnahme ist in diesem Zusammenhang die Verbesserung der Ansteuerung der Achsantriebsmotoren.

5.3 Anforderungen an die Erfassungs- und Auswertehardware

Die Erfassungshardware hat die Aufgabe, Ausgangssignale, die
direkt von den Maschinenmeßsystemen oder einer Schnittstelle
der CNC-Steuerung kommen, zu zählen, momentane Zählerstände
beim Eintreffen eines Antastsignals abzuspeichern und für das
Auslesen durch den Mikrorechner bereitzuhalten. Außerdem müssen auch Referenzpunktsignale verarbeitet werden, um die Zähler auf definierte Ausgangszustände zu bringen.

Aufgrund der bei Werkzeugmaschinen geforderten Auflösung, Genauigkeit und Verfahrbereiche werden in der Regel inkrementale
Wegmeßsysteme eingesetzt. In Bild 5.6 sind verschiedene Aus-
gangssignalformen von inkrementalen Wegmeßsystemen zusammengestellt. Zu unterscheiden sind wegabhängige Signalzustände, die
statisch anliegen, und wegabhängige Impulse, die beim Überfah-
ren von Wegmarken erzeugt werden und deren Impulsdauer unabhängig von der gefahrenen Geschwindigkeit ist. Da beide Formen
häufig auftreten, ist auch die Erfassungshardware so zu konzi-
pieren, daß durch Umschaltung beide Formen verarbeitet werden
können.

Obwohl bei 12 m/min Verfahrgeschwindigkeit und einer Auflösung
von 1 μm nur eine Impulsfolge von 0,2 MHz zu erwarten ist,
sind an der Schnittstelle einer CNC-Steuerung einzelne Impuls-
abstände von 0,30 μs gemessen worden, d.h. die Erfassungshardware muß in der Lage sein, Zählfrequenzen von mindestens 3 MHz
zu verarbeiten.

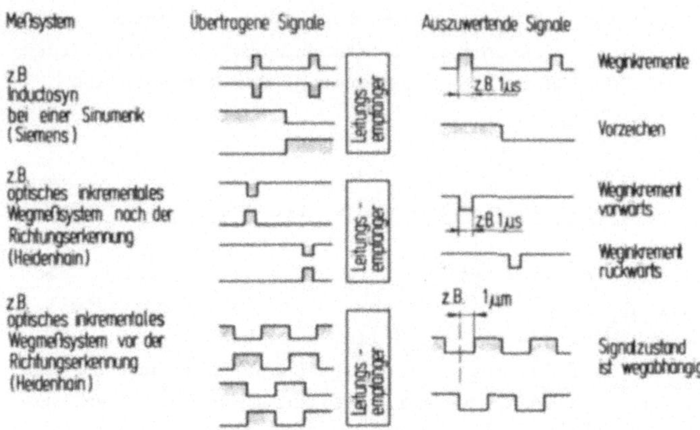

Bild 5.6: Ausgangssignale von inkrementalen Wegmeßsystemen

Der Rechner für Messen mit der Maschine dient der Meßimpuls-
übernahme, Meßwertbildung, -bereitstellung, -auswertung und
Korrekturdatenbereitstellung für den Steuerungsrechner oder den
Bediener. Die Verwendung eines Mikrorechners mit hochintegrier-
ter Hardware erfüllt die Forderung nach niedrigen Anschaffungskosten.

Um die Auswertefunktionen zu erfüllen, muß der Mikrorechner
arithmetische Rechenoperationen wie Addition, Subtraktion,
Multiplikation, Division, Wurzelberechnung und Winkelfunktionen
ausführen können. Auch bei Berechnungen, die eine Kombination
mehrerer Rechenoperationen umfassen, darf wegen der für Messen
mit der Maschine erforderlichen Genauigkeit nur das nieder-
wertigste Bit des Ergebnisses durch Auf- oder Abrundungsfehler
beeinträchtigt sein. Um die für die Lösung der Meßaufgaben
nötigen Berechnungen durchführen zu können, müssen Werte bis
2^{80} verarbeitbar sein, d.h. eine Datenbreite von 16 bit oder
besser 32 bit ist Voraussetzung für eine zeitgünstige Abarbeitung der Meßaufgaben. Ein Mikroprozessor mit integriertem oder

ergänzendem 64 bit Arithmetikbaustein arbeitet schneller und
mit geringerem Speicherplatzbedarf als Rechner mit 16 oder
32 bit Datenbreite. Der Einsatz von 8 bit Rechnern wird sich
im allgemeinen als unwirtschaftlich erweisen, da die zusätzliche Software eine überproportionale Vergrößerung des Spei-
cherbedarfs und Verlängerung der Rechenzeit zur Folge hat.

Rechner mit prioritätsabhängiger Interruptverarbeitung ermöglichen einen leistungsfähigen und flexiblen Einsatz, wenn sie
on-line an eine Fertigungseinrichtung gekoppelt werden. Die
Unterbrechbarkeit des Programmablaufs erleichtert das Umschal-
ten des Mikrorechners von z.B. Kollisionsüberwachung auf Meßwerterfassung und -auswertung. Außerdem kann eine Tastersignal-
überwachung mit geringem Mehraufwand durchgeführt werden, indem
bei Fehlern in der Antastsignal- oder Notaussignalübertragung,
z.B. bei defekten Leitungen oder Steckverbindungen, über Interrupt die Verfahrbewegung der Werkzeugmaschine und der Programm-
ablauf im Mikrorechner angehalten wird.

Die Verarbeitung des Tastersignals oder des Übernahmesignals
bei bedienergeführten Meßgeräten als Interrupt erlaubt die
Auswertung und Ausgabe von Meßergebnissen zwischen zwei An-
tastsignalen. Wird diese Zeit bei umfangreichen Messungen nicht
genutzt, so führt dies zu einem erhöhten Speicherbedarf für
Meßwerte und zu Wartezeiten nach Beendigung des Meßvorgangs
und damit zu erhöhten Stillstandszeiten der Werkzeugmaschine.

Zur Übernahme von Steuersignalen werden Schnittstellen benötigt, wobei die Signale mit niederer oder hoher Spannung
aktiv sein können und das Spannungsniveau abgestimmt werden
muß. Daneben sollten externe Speichergeräte wie Floppy Disks
und Digitalkassetten anschließbar sein.

5.4 Anforderungen an NC-Steuerungen

Bei Messen mit der Maschine wird das Einwechseln des Tasters
in den Werkzeughalter und die Verfahrbewegung des Tasters in

der Regel durch die NC-Steuerung initiiert. Die Bereitstellung
der Signale zur Positionsbildung kann über Schnittstellen der
Wegmeßsysteme erfolgen. Solche Schnittstellen sind meist vorhanden, wenn das Wegmeßsystem nicht vom Hersteller der NC-
Steuerung stammt. Bei NC-Steuerungen mit integrierter Meßsi-
gnalverarbeitung / 26 / muß i.a. eine zusätzliche Schnittstelle aufgebaut werden, um die erforderlichen Meßimpulse entnehmen zu können.

Während die Bereitstellung der Meßsystemsignale oder -impulse
eine notwendige Voraussetzung für Messen mit der Maschine ist,
wird durch die Bereitstellung von Meßaufgaben, Sollwerten etc.
aus dem NC-Programm für die MEA und durch die Rückführung von
Korrekturdaten ein höherer Automatisierungsgrad der Informa-
tionsbereitstellung und der Datenrückführung sowie eine automatische Synchronisation von Verfahrbewegung und Meßaufgaben-
abarbeitung erreicht. Diese Meßdaten sollten zusammen mit den
Daten für die Verfahrbewegung und den Tasterwechsel als Kommentar oder zwischen speziellen Zeichen ins NC-Programm integriert sein und über eine serielle oder parallele Schnittstelle
einer NC- oder mittelbar über die mit einer NC-Steuerung gekop-
pelte programmierbare Steuerung oder den Systembus z.B. einen
MPST-Bus übertragen werden.

Die Alternative hierzu ist die von den NC-Daten getrennte
Datenbereitstellung mit den Nachteilen der zusätzlichen Verwaltung, Lagerung, Wartung und Synchronisation zwischen NC-
Daten- und Meßdatenabarbeitung. Bei neueren Steuerungen sind
diese Schnittstellen für Datentransfer in beide Richtungen geeignet und gewährleisten so den Datentransfer mit dem geringsten zusätzlichen Hardwareaufwand. Es wird damit auch eine
manuelle Korrekturdatenrückführung vermieden, die zeitaufwendig
und von der Zuverlässigkeit des Bedieners abhängt.

Die NC-Steuerung sollte die Funktion "Restweg löschen" besitzen, d.h. mit einem Schaltsignal die Verfahrbewegung

unterbrechen und danach den restlichen Weg des unterbrochenen NC-Satzes löschen können. Die Funktion "Restweg löschen" soll nicht zur Meßwerterfassung eingesetzt werden, wie dies bei der CNC-Steuerung mit integriertem Teil Messen geschieht, sondern dient in diesem Fall dazu, die Vorgabe des Antastweges beim Messen mit einer steuerungsunabhängigen Einheit zu vereinfachen.

5.5 Anforderungen an die Erfassungs- und Auswertesoftware

Die Erfassungs- und Auswertesoftware soll dem Anwender ermöglichen seine zu lösenden Aufgaben mit geringem Aufwand und Fehlerrisiko zu programmieren und dabei über die bei Mehrkoordinatenmeßgeräten üblichen Standardaufgaben verfügen zu können. Diese Anforderungen werden bei der in Kapitel 3.1.5 beschriebenen Lösung nicht erfüllt.

Für eine anwenderfreundliche Software müssen im einzelnen gefordert werden:
- Meßaufgabenmoduln, die für eine Meßaufgabe alle Rechenoperationen ausführen,
- Kombinierbarkeit der Meßaufgabenmoduln,
- automatische Berücksichtigung des Tasterkugeldurchmessers durch Erfassung der Antastrichtung bei der Antastung,
- automatische Speicherplatzverwaltung für Meß-, Zwischen- und Endergebnisse,
- automatisches Erkennen und Berücksichtigen von unterschiedlichen Datenformaten wie Punkt, Gerade, Ebene,
- gezieltes Abspeichern von Werten für spätere Weiterverarbeitung mit automatischer Berücksichtigung der Datenformate,
- Moduln für Soll-Istwertvergleiche,
- Moduln für Mittelwertbildung aus Maßabweichungen, die ein Abmaß betreffen,
- Moduln für Kompensationsaufgaben,
- Vermeidung redundanter Angaben durch einen geeigneten Code für die Verschlüsselung der Meß-, Auswerte- und Kompensationsaufgaben,

- Anpassung des Datenformats zu dokumentierender Daten an das
  zu verwendende Protokollgerät und
- über Parameter steuerbare Auswahl der zu dokumentierenden
  Daten.

Um die Meßwerterfassung und -auswertung schneller durchführen
zu können, muß der Rechenablauf unterbrechbar sein, damit jeweils die Aufgaben mit höchster Priorität zuerst bearbeitet
werden.

Weiterhin wird gefordert, die Software der MEA so modular auf
zu bauen, daß sich diese durch Austausch einzelner Moduln sowohl für Qualitätssicherung, als auch Maschinenvermessung und
Kollisionsüberwachung eignet (s. Kap. 8).

6 Aufgaben einer Meßwerterfassungs- und Auswerteeinheit (MEA)

Die Forderung nach einer vielseitigen MEA bedeutet, daß alle
Meß- und Auswerteaufgaben, die an prismatischen und rotatorischen Werkstücken sowie an Vorrichtungen auftreten, gelöst
werden können. Jedoch mit der in Kapitel 3.2 getroffenen Ein-
schränkung auf Aufgaben, die meßtechnisch mit der Maschine und
einem schaltenden Taster durchführbar sind. Ob die Meßgenauigkeit für eine Meßaufgabe ausreicht, wird in Kapitel 4 behandelt. Um dieses Aufgabenspektrum abzudecken, werden grundsätzliche Aufgaben definiert, die kombiniert werden. Auf diese
Weise ist trotz der Vielfalt der Aufgaben eine anwenderfreundliche Programmierung möglich / 27 /.

Die in Bild 6.1 dargestellten Aufgaben einer MEA setzen sich
aus Meß-, Auswerte- und Kompensationsaufgaben zusammen. Alle
drei Aufgabenbereiche können Werkstück, Werkzeug und Maschine
betreffen.

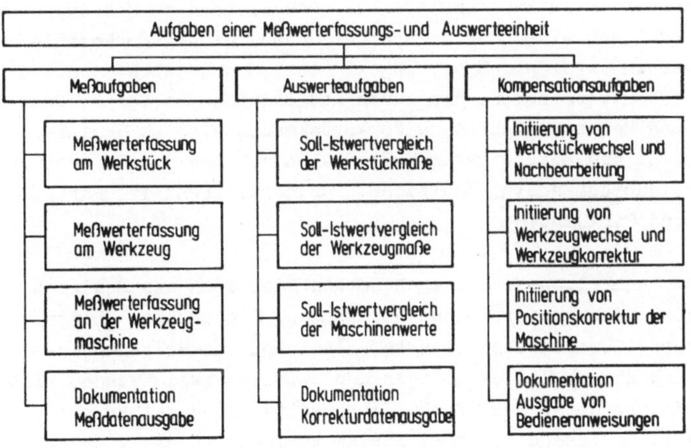

Bild 6.1: Strukturierung der Aufgaben einer MEA

Die nachfolgenden Ausführungen beschränken sich auf Aufgaben,
die sich auf das Werkstück beziehen, weil am Werkstück die Auswirkungen aller Fehlerursachen, die die Fertigungsgenauigkeit
beeinträchtigen, erfaßt werden können.

6.1   Meßaufgaben

6.1.1 Meßaufgaben bei prismatischen Werkstücken

Die breiteste Vielfalt von Meßaufgaben tritt bei prismatischen
Werkstücken auf. Rotatorische Werkstücke weisen nur ein eingeschränktes Spektrum von Meßaufgaben auf. Für die bei Messen mit
der Maschine zu lösenden Aufgaben ist eine Gliederung in die
Basismeßaufgaben Raumpunkt, Gerade, Ebene, Kreis, Kugel, Zy-
linder etc. sinnvoll. Auf den Basismeßaufgaben, die von gemessenen oder berechneten Koordinatenwerten ausgehen, bauen die
abgeleiteten und die geschachtelten Meßaufgaben auf, d.h. die
Verarbeitung von Koordinatenwerten zu Maßen oder zu weiteren
Koordinatenwerten kann unmittelbar anschließend an Messungen
oder auch nach ein- oder mehrfacher Schachtelung von Koordinatenwerten erfolgen. Unter abgeleiteten Meßaufgaben werden die
Meßaufgaben verstanden, die durch Kombination von Basismeßaufgaben und Rechenverfahren zu Werkstückmaßen also zu Skalaren
führen. Zu den abgeleiteten Meßaufgaben gehören die Berechnung
von Kreisdurchmessern, Abständen, Rundheit, Ebenheit, Paralle-
lität und Winkeln.

Die geschachtelten Meßaufgaben setzen sich auch aus Basismeßaufgaben und Rechenoperationen zusammen. Sie ergeben Kreismit-
telpunkte, Geradenschnittpunkte, Schnittpunkte zwischen Ge-
raden und Ebenen und Schnittgeraden zwischen zwei Ebenen, also
Vektoren. Da diese Meßaufgaben ihrerseits schachtelbar sind,
kann z.B. basierend auf drei Kreismittelpunkten ein vierter dazu in Relation stehender Kreismittelpunkt errechnet werden.

Diese Unterteilung in Basismeßaufgaben, geschachtelte und abgeleitete Meßaufgaben, wie sie in Bild 6.2 dargestellt ist, ist

auch bei der Programmierung der Meßaufgaben zu beachten. Eine
Meßaufgabe muß mit einer Basismeßaufgabe beginnen, auf die geschachtelte oder abgeleitete Aufgaben folgen können. Ergebnisse
abgeleiteter Aufgaben sind keine Koordinatenwerte mehr und damit nicht weiter schachtelbar. Für die analog strukturierte
Software ergeben sich daraus z.B. Vorteile für die automatische
Speicherplatzverwaltung.

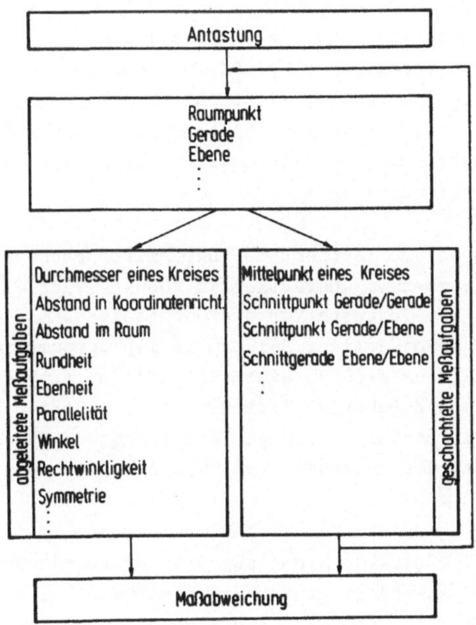

Bild 6.2: Gliederung von Meßaufgaben

Bei der Meßwerterfassung muß bei zweiseitiger Antastung durch
einen 3-D-Taster bei der Berechnung von Durchmessern, Abständen
und Schnittpunkten der Tasterkugeldurchmesser berücksichtigt
werden. Zu beachten ist bei den Meßaufgaben auch, ob die Berechnung im Raum, einer bestimmten Ebene oder Achse erfolgen
soll.

6.1.2 Verschlüsselung von Meßaufgaben mit einem meßtechnisch orientierten Code

Da die Meßwertgewinnung und die -auswertung bei einem Mehrkoordinatenmeßgerät und beim Messen mit einer Werkzeugmaschine
prinzipiell gleich abläuft, ist es naheliegend, das CIDATA-
Format / 30 / auch beim Messen mit der Werkzeugmaschine zu verwenden, und so die Möglichkeiten der maschinellen Programmer-
stellung mit N.C.M.E.S. zu nutzen. Damit ist eine maschinenunabhängige bzw. geräteunabhängige Programmierung und ein ent-
sprechender organisatorischer Ablauf für Mehrkoordinatenmeßgeräte und Werkzeugmaschinen möglich. Außerdem können die universellen Möglichkeiten der Werkstückbeschreibung und Meßaufgaben-
darstellung genutzt werden. Jedoch wirft der Einsatz von
N.C.M.E.S. auch Probleme auf.

Um ein in der problemorientierten Programmiersprache N.C.M.E.S
erstelltes Teileprogramm übersetzen zu können, wird ein Teileprogrammrechner mit Software für die Geometrie- und Technolo-
gieverarbeitung erforderlich. Bei dem Teileprogrammrechner für
N.C.M.E.S. handelt es sich um einen Rechner der mittleren Da-
tentechnik und die zugehörige Systemsoftware umfaßt ca. 250
kbyte. Zusätzlich benötigt wird ein Postprocessor für Messen
mit der Maschine, der ausgehend von GMDATA in Lochstreifencode
umsetzt.

Da ein N.C.M.E.S.-Compiler nicht zur Standardausrüstung eines
Werkzeugmaschinenanwenders gehört und sich sein Einsatz für die
Programmierung der in der Regel einfachen Meßaufgaben beim
Messen mit der Maschine auch nicht lohnen würde, kann ein meß-
technisch orientierter Code zur Verschlüsselung der Meß- und
Auswerteaufgaben für Messen mit der Maschine eingesetzt werden.
Die so codierten Daten lassen sich als Kommentar bei der pro-
blemorientierten Erstellung der Teileprogramme einfügen. Dieser
Code ist vergleichbar mit der CIDATA-Verschlüsselung, aber
weniger aufwendig in der Handhabung.

In Bild 6.3 sind die am häufigsten vorkommenden Basismeßaufgaben zusammengestellt. Durch den erweiterten Bestand an Basismeßaufgaben ergibt sich eine entscheidende Reduzierung des Datenaufwands. Im CIDATA-Code ist nur die Basismeßaufgabe "Raumpunkt antasten" vorgesehen, wobei die Antastrichtung berücksichtigt wird. Alle anderen Aufgaben müssen aus Raumpunkten zusammengesetzt werden, die dann verknüpft werden. Durch die Möglichkeit bei der Antastung die Antastrichtung automatisch zu erfassen und abzuspeichern, wird dem Programmierer die Tasterkugelberücksichtigung erspart und damit eine häufige Fehlerquelle umgangen.

Aufgabe	Darstellung	Meßtechnisch orientierter Code	CIDATA-Code
Raumpunkt	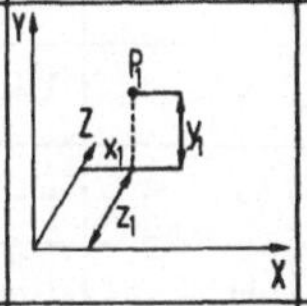	B1	I.. P+ (→+X) I.. P- (→-X) I.. Q+ (→+Y) I.. Q- (→-Y) I.. R+ (→+Z) I.. R- (→-Z)
Gerade 2 Punkte		B12	
Ausgleichsgerade 3 bis 11 Punkte		B13... B110	
Ebene 3 Punkte		B23	
Ausgleichsebene 4 bis 12 Punkte		B24... B212	
Kreis 3 Punkte		B33	
Ausgleichskreis 4 bis 12 Punkte		B34... B312	

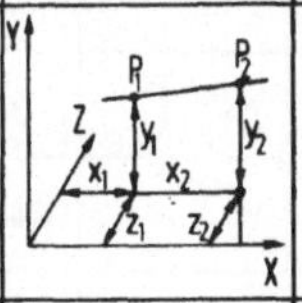

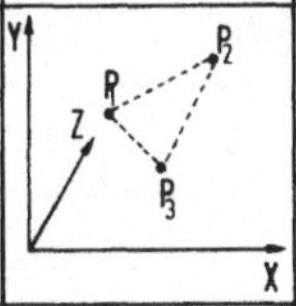

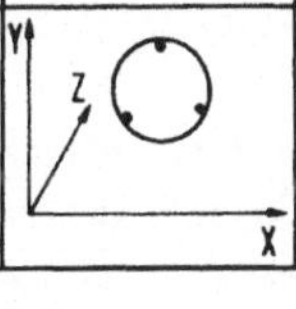

Bild 6.3: Basismeßaufgaben

Die in Bild 6.4 zusammengefaßten Verknüpfungsfunktionen benötigen Koordinatenwerte als Eingangsinformation und liefern als Ergebnis Koordinatenwerte, wobei die Eingangsinformationen Ergebnisse von Basismeßaufgaben oder auch von Verknüpfungsfunktionen sein können. Diese Funktionen sind auch in N.C.M.E.S. vorhanden und werden, wie in Bild 6.4 dargestellt, verschlüsselt.

Aufgabe	Darstellung	Meßtechnisch orientierter Code	CIDATA-Code
Schnittpunkt Gerade/Gerade		V1	L 421
Mittelpunkt einer Strecke		V2	L 422
Mittelpunkt eines Kreises		V3	L 423
Lotfußpunkt auf Ebene		V4	L 424
Schnittpunkt Gerade/Ebene		V5	L 428
Ausgleichsgerade 2 bis 10 Punkte		V11	L 431
Schnittgerade Ebene/Ebene		V12	L 432
Ausgleichsebene 3 bis 10 Punkte		V17	L 441
Ausgleichskreis 3 bis 10 Punkte		V25	L 451
Kreis als Teilkreis 3 bis 10 Punkte		V22	L 452

Bild 6.4: Verknüpfungsfunktionen

In Bild 6.5 schließlich sind die Berechnungsfunktionen, die Maße liefern, aufgeführt. Dadurch daß in der Erfassungs- und Auswertesoftware sowohl die Antastrichtung als auch der Typ der zu verknüpfenden Elemente geführt wird, ist die Programmierung einfach und sicher. Dies bedeutet, daß z.B. bei der Abstandsberechnung unabhängig von den zu verknüpfenden Elementen und den

Antastrichtungen nicht mehrere Aufgaben zu unterscheiden sind.
Der Programmierer muß nur beachten, daß die für die Berechnung
benötigten Elemente als Basismeßaufgabe, Verknüpfungsfunktion
oder als rückgespeicherte Daten bereitstehen. Die Reihenfolge
und die Kombination aus Basisaufgabe, Verknüpfungsfunktion oder
rückgespeicherten Daten spielen keine Rolle. Indem Maße separat
gespeichert werden, kann auf die gleichen Elemente mehrfach zu-
gegriffen werden.

Aufgabe	Darstellung	Meßtechnisch orientierter Code	CIDATA-Code
Abstand - Punkt/Punkt - Punkt/Gerade - Gerade/Punkt - Punkt/Ebene - Ebene/Punkt		M 1	L 622 L 623 L 632 L 624 L 642
Abstand in Koordinaten-richtung -Punkt/Punkt		M 2	L 122
Radius eines Kreises		M 3	L 850
Durchmesser eines Kreises		M 4	L 851
Winkel Gerade/Gerade Gerade/Ebene Ebene/Gerade Ebene/Ebene		M 5	L 733 L 734 L 743 L 744

Bild 6.5: Berechnungsfunktionen

In Bild 6.6 ist die Programmierung eines Meßaufgabenbeispiels
mit den beiden Codierungsmöglichkeiten durchgeführt, wobei der
CIDATA-Code, den N.C.M.E.S. liefert, ca. die sechsfache Daten-
menge benötigt gegenüber dem meßtechnisch orientierten Code.
Dieser Unterschied entsteht hauptsächlich dadurch, daß jeder
Meßpunkt und jedes Zwischenergebnis bei der Abspeicherung durch
den Buchstaben I mit einer Nummer und beim Rückruf durch den
Buchstaben J mit einer Nummer explizit angesprochen werden muß,
was beim meßtechnisch orientierten Code möglich aber meist
nicht erforderlich ist. Durch das Erweitern der Anzahl der
Basismeßaufgaben und durch die Verwendung unterschiedlicher
Codebuchstaben für Basismeßaufgaben, Verknüpfungsfunktionen und
Maßberechnungen wird neben der weiteren Reduzierung des Daten-
aufwands auch eine bessere Übersichtlichkeit erreicht.

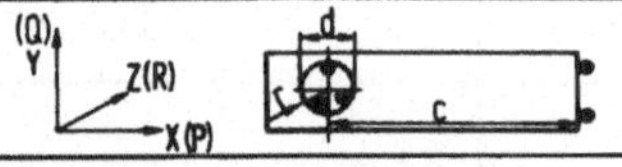

CIDATA-Code		Meßtechnisch orientierter Code	
I1P- I2P-	Antastung Gerade		
L431 I3 J1 J2	Berechnung Gerade	B12	Gerade
I4Q+ I5P- I6P+	Antastung Bohrung	B33	Bohrung
L423 I7 J4 J5 J6	Mittelpunkt d. Bohrung		
L850 I8 J4 J5 J6	Radius d. Bohrung (r)	M3	Radius d. Bohrung (r)
L851 I9 J4 J5 J6	Durchmesser d. Bohrung (d)	M4	Durchmesser d. Bohrung (d)
L301 I20	Sollwertübergabe		
D 37.25	Solldurchmesser	D 37.25	Solldurchmesser
E+ .05	obere Toleranzgrenze	E+ .05	obere Toleranzgrenze
E- .05	untere Toleranzgrenze	E- .05	untere Toleranzgrenze
L501 I10 J9 I20	Soll-Ist-Vergleich	A1	Soll-Istvergleich
L623 I7 I3	Abstand (c)	M1	Abstand (c)
D 50.5	Sollabstand	D 50.5	Sollabstand
E+0.2	obere Toleranzgrenze	E+0.2	obere Toleranzgrenze
E+0.1	untere Toleranzgrenze	E+0.1	untere Toleranzgrenze
93 Zeichen ohne Sollwerte		14 Zeichen ohne Sollwerte	

Bild 6.6: Programmierbeispiel für eine Meßaufgabe

7 Aufbau einer Meßwerterfassungs- und Auswerteeinheit für Messen mit der Maschine

Im folgenden wird eine Einheit für Meßwerterfassung und Auswertung beschrieben, die aus den in Bild 5.1 aufgeführten Komponenten besteht. Diese MEA nutzt für Verfahr- und Antastbewegungen sowie für die Einwechselung des Tasters in die Werkzeughalterung Funktionen der CNC-Steuerung, ist aber bezüglich Meßwerterfassung, Auswertung und Bereitstellung der Korrekturdaten unabhängig von der CNC-Steuerung. Die in Kapitel 5 gestellten Anforderungen und die in Kapitel 6 beschriebenen Aufgaben bilden die Basis für den Aufbau der MEA.

7.1 Meßwerterfassung

7.1.1 Sensor

Die Ausführungen in Kapitel 3.1.3 ergeben, daß ein neu zu konzipierender schaltender Taster bei der MEA zum Einsatz kommen soll, der die in Kapitel 5.1 gestellten Anforderungen besser erfüllt als die auf dem Markt befindlichen Sensoren. Der neue Taster kann durch Auslenkbarkeit in drei Achsrichtungen die in Bild 5.3 eingezeichneten Antastaufgaben ausführen. Er besitzt die in Bild 5.5 skizzierte Auslenkcharakteristik. Durch die Parallelverschiebbarkeit der Taststiftlagerung ist er weniger anfällig gegen Zerstörung durch Kollision. Er besteht aus sechs Grundelementen, die nach dem in Bild 7.1 gezeigten Prinzip aufgebaut sind.

Ein derartiges Grundelement erlaubt die Auslenkung in einer Richtung vom Nullpunkt aus. Für die angegebene Auslenkrichtung ist die Ruheposition dadurch gegeben, daß die Druckfeder und damit auch die Federstahldrähte in dieser Position bereits vorgespannt sind. Im Falle einer Auslenkung wird die Druckfeder weiter gespannt und die Federstahldrähte werden entspannt. Da die Federstahldrähte so dimensioniert sind, daß das Ausknicken

durch eine elastische Verformung möglich ist, ist gewährleistet, daß nach dem Ende der äußeren Krafteinwirkung und dem
sich wieder einstellendem Gleichgewicht zwischen Druckfeder-
kraft und den Drahtkräften auch die exakte Rückkehr zur Ausgangsposition erfolgt. Durch die Relation der Federkonstanten der Druckfeder und der Federstahldrähte, die gegeneinander
wirken, werden die in Bild 5.5 dargestellten Forderungen bezüglich des Zusammenspiels der Federn erfüllt.

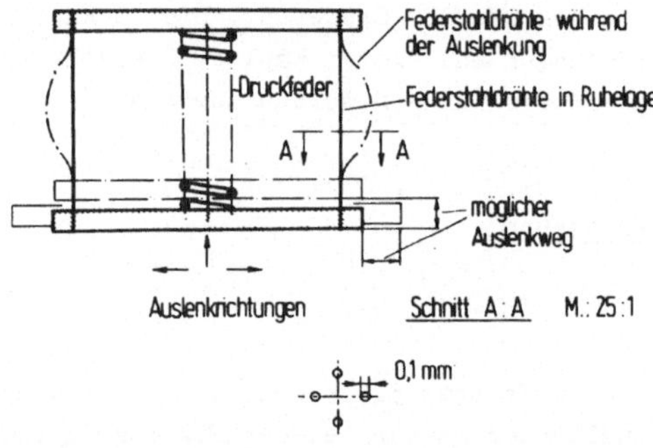

Bild 7.1: Grundelement einer 3-D-Taststiftlagerung

Die Dimensionierung der Druckfeder bestimmt die Größe der Auslenkkraft, während die Dimensionierung der Federstahlseile für
das Auslenkverhalten in Nullpunktnähe entscheidend ist. Der
Auslenkweg, der erforderlich ist, um den Taster vor Bruch zu
schützen und für die Vorgabe der Antastposition einen möglichst
weiten Spielraum zu haben, ist die Grundlage für die Bestimmung
der Dicke und Länge der Federstahldrähte und ergibt eine maximal zulässige Dicke und eine einzuhaltende Mindestlänge dieser
Drähte. Aus Festigkeitsgründen folgt schließlich eine Mindest-
anzahl von Drähten, die zur Erhöhung der Federkonstanten vergrößert werden kann, wobei jedoch eine zu große Zahl von Drähten wieder eine Verringerung der Federkonstanten mit sich
bringt, da die Drähte dann durch die Federkraft der Druckfeder
nicht mehr vollständig gestreckt werden. Dann aber kann nicht
mehr die Federkonstante eines zugbelasteten Stabes angenommen

werden, weil Biegeverformungen mit ins Spiel kommen, die in der Summe eine kleinere Federkonstante bewirken.

Die Verknüpfung von sechs dieser Grundelemente ergibt eine Taststiftlagerung, die sechs translatorische sowie drei rotatorische Auslenkrichtungen des Taststiftes erlaubt, wobei die rotatorischen nur aus Kollisionsschutzgründen bedeutend sind.

Da bei diesem Konstruktionsprinzip keine Führungs- oder Anschlagflächen vorhanden sind, tritt auch keine mechanische Reibung auf, die in der Regel Ursache für zufällige Positionsabweichungen des Taststiftes ist. Bild 7.2 zeigt den Aufbau eines 3-D-Tasters nach dem beschriebenen Prinzip / 28 /.

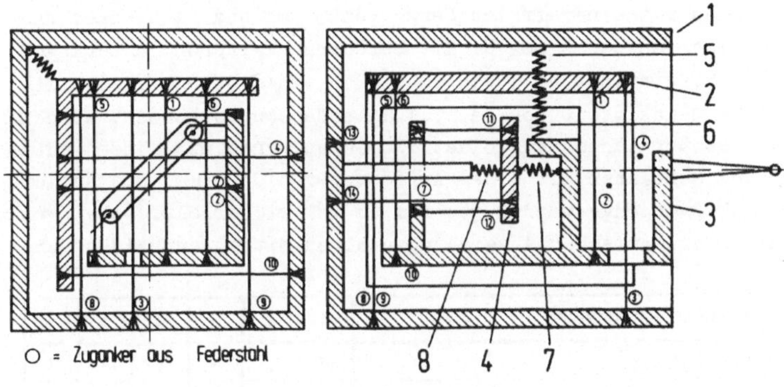

Bild 7.2: 3-D-Taster mit Taststiftlagerung durch Federstahlanker

Die Konstruktion besteht aus vier Grundelementen, dem Tastergehäuse (1), dem Zwischenlager (2), der Taststifthalterung (3) und dem axialen Zwischenlager (4). Hinzu kommen vierzehn Zuganker aus Federstahldraht, zwei Federn für die radiale Vorspannung (5,6) und zwei Federn für die axiale Vorspannung (7,8). Die Elemente wurden so angeordnet, daß bei möglichst kleiner Außenabmessung des Tastergehäuses möglichst große Auslenkwege der Taststiftlagerung in allen Richtungen zulässig sind.

Sie werden durch Anschlagen der Taststiftlagerung am Gehäuse
begrenzt, damit es bei zu großen Auslenkungen nicht zu einer
Überlastung der Zuganker kommt. Aus Genauigkeits- und Stabili-
tätsgründen wurde die Lage der Zuganker so gewählt, daß ein zu-
sammengehöriges Paar möglichst weit auseinander liegt, um gün-
stige Hebelverhältnisse zu schaffen.

Am Prototyp des 3-D-Tasters wurden Testmessungen durchgeführt,
um die Lage des Taststiftes nach Beendigung einer Auslenkung
zu bestimmen. Dabei wurde jeweils in einer Achsrichtung gemessen und die Auslenkung des Taststiftes wurde in der in Bild
7.3 gezeigten Reihenfolge vorgenommen.

Die Messung der Abweichungen erfolgte an der Kugel des Taststiftes mit einer freien Länge von 90 mm und nach einem Auslenkweg von ca. 5 mm. Um die Berührung zwischen Tasterkugel
und Prüfeinrichtung durch Schließen eines Stromkreises mit
einer Genauigkeit von ca. 0,1 µm erfassen zu können, wurden
die Berührflächen vergoldet. Gemessen wurde mit einem induk-
tiven Meßtaster mit einer Auflösung von 0,05 µm. Die Auslenk-
und Meßvorgänge wurden jeweils 11 mal wiederholt. Dabei wurden
die systematischen Abweichungen durch Mittelwertbildung und die

Reihenfolge der Auslenkung	1	2	3	4	5	6
Auslenkrichtung	+X	-X	+Y	-Y	+Z	-Z
Mittelwert der Abweichungen in X-Richtung (µm)	0	-2,4	-2,2	-2,1	-1,8	-2,3
empirische Standardabweichungen in X-Richtung (µm)	0,20	0,21	0,25	0,26	0,18	0,27
Auslenkrichtung	+Y	-Y	+X	-X	+Z	-Z
Mittelwert der Abweichungen in Y-Richtung (µm)	0	-2,9	-2,5	-2,4	-2,2	-2,0
empirische Standardabweichungen in Y-Richtung (µm)	0,21	0,33	0,20	0,12	0,11	0,33
Auslenkrichtung	+Z	-Z	+X	-X	+Y	-Y
Mittelwert der Abweichungen in Z-Richtung (µm)	0	-2,7	-2,2	-1,7	-1,3	-1,7
empirische Standardabweichungen in Z-Richtung (µm)	0,16	0,18	0,15	0,27	0,36	0,29

Bild 7.3: Ergebnisse der Überprüfung der Genauigkeit eines
3-D-Tasters

zufälligen Abweichungen durch Berechnung der empirischen Standardabweichungen nach / 23 / ermittelt. Die Standardabweichungen liegen deutlich unter 1 µm, obwohl in diesen die Abweichungen von induktivem Taster, Antasterkennung und Versuchsaufbau enthalten sind. Die Umkehrspannen in der X-, Y- und Z-Richtung, die zwischen 2,4 und 2,9 µm liegen, sind systematische Abweichungen und damit kompensierbar.

7.1.2 Signalübertragung

In Kapitel 3.1.3.3 wurden auf dem Markt befindliche Alternativen für die Signalübertragung analysiert. Im nachfolgenden wird eine Lösung vorgestellt, die trotz geringem mechanischen und elektronischen Aufwand durch Überwachung der Signalleitungen eine hohe Funktionssicherheit bietet. Sie beinhaltet zum Schutz von Taster und Maschine eine Notaussignalerzeugung für den Fall, daß der zulässige Auslenkweg des Tasters überschritten wird. Um die Vorteile dieser Alternative realisieren zu können, sollte diese Lösung bei der Konstruktion des Spindelkopfes bereits berücksichtigt werden.

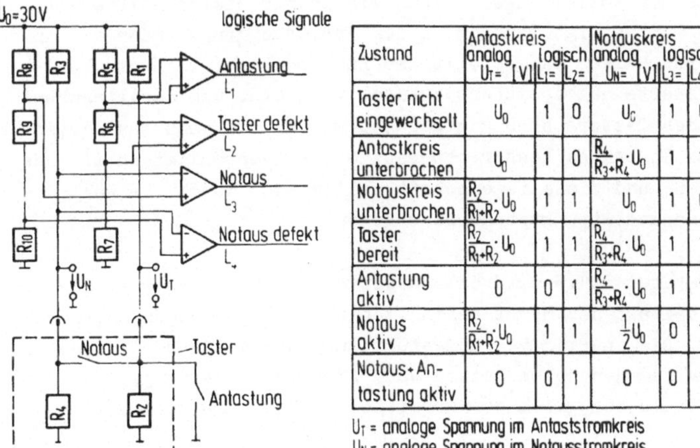

Zustand	Antastkreis analog $U_T=$ [V]	logisch $L_1=$	$L_2=$	Notauskreis analog $U_N=$ [V]	logisch $L_3=$	$L_4=$
Taster nicht eingewechselt	U_0	1	0	U_0	1	0
Antastkreis unterbrochen	U_0	1	0	$\frac{R_4}{R_3+R_4}\cdot U_0$	1	1
Notauskreis unterbrochen	$\frac{R_2}{R_1+R_2}\cdot U_0$	1	1	U_0	1	0
Taster bereit	$\frac{R_2}{R_1+R_2}\cdot U_0$	1	1	$\frac{R_4}{R_3+R_4}\cdot U_0$	1	1
Antastung aktiv	0	0	1	$\frac{R_4}{R_3+R_4}\cdot U_0$	1	1
Notaus aktiv	$\frac{R_2}{R_1+R_2}\cdot U_0$	1	1	$\frac{1}{2}U_0$	0	1
Notaus+Antastung aktiv	0	0	1	0	0	1

U_T = analoge Spannung im Antaststromkreis
U_N = analoge Spannung im Notausstromkreis

Bild 7.4: Tastersignalübertragung und Überwachung

Die in Bild 7.4 dargestellte Schaltung kombiniert die Funktionen
- Antastsignalerzeugung,
- Notaussignalerzeugung für den Fall der Überschreitung des zulässigen Auslenkweges,
- Überwachung der Signalleitungen und
- Vorhandensein des Tasters in der Werkzeugspindel.

Die logischen Signale L2 und L4 werden nur wirksam, wenn zu Beginn des Meßvorgangs eine Freigabe erfolgte.

7.1.3 Antastverfahren

7.1.3.1 CNC-steuerungsabhängiges Antastverfahren

Der Einsatz eines schaltenden Tasters erfordert eine dynamische Antastung des Meßobjekts. Für die Geschwindigkeit des Antastvorgangs muß ein sinnvoller Kompromiß gewählt werden zwischen der Vermeidung geschwindigkeitsabhängiger, maschinenbedingter Meßfehler und der für das Messen aufzuwendenden Zeit. Die Übernahme der Positionswerte ist, wie in der oberen Hälfte von Bild 7.5 gezeigt, zu Beginn des Antastvorgangs, oder wie in der unteren Hälfte dargestellt, am Ende möglich. Wann die Positionswerte abgespeichert werden, wird z.B. vom Schaltmechanismus des Tasters abhängig gemacht werden. So kann das Schließen eines Kontaktes besser reproduzierbare Werte liefern als das Öffnen, und diese Eigenschaft sollte auch durch die Wahl des Übernahmezeitpunktes ausgenutzt werden.

In Kapitel 3.1.5 wird ein Antastverfahren analysiert, das bisher bei auf dem Markt befindlichen CNC-Steuerungen angewandt wird. Die in Bild 7.5 aufgeführten Antastverfahren vermeiden vor allem den hohen Zeitaufwand für eine Antastung jedoch auch Nachteile bezüglich der erreichbaren Meßgenauigkeit.

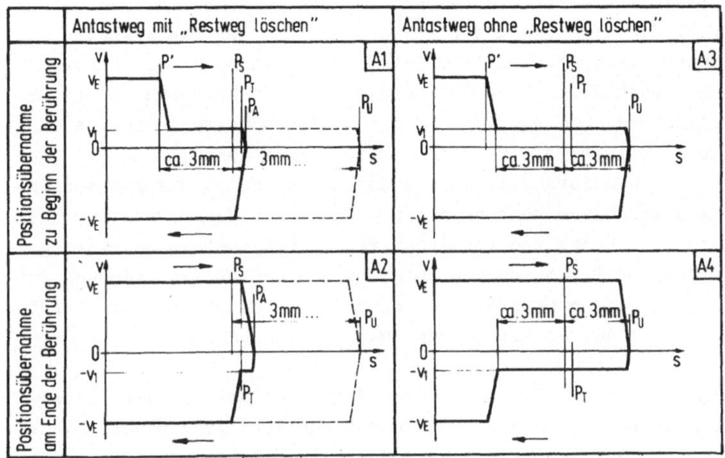

Bild 7.5: Alternative Antastverfahren

Um eine kleine Meßzeit zu erreichen, ist es notwendig den mit
Antastgeschwindigkeit zurückzulegenden Weg möglichst klein zu
halten und unnötige Wege zu vermeiden. Die Alternative A2 von
Bild 7.5 erfüllt beide Forderungen optimal, wobei außerdem bei
der Programmierung der Antastbewegung keine Antastposition
sondern nur eine Antastrichtung vorzugeben ist.

Trotz der Funktion "Restweg löschen" ist bei der Alternative A1
ein größerer Weg mit kleiner Geschwindigkeit zurückzulegen,
außerdem muß die Position P' bei der Programmierung vorgegeben
werden. Bei der Alternative A3 und A4 ergibt sich eine weitere
Vergrößerung des Antastweges mit kleiner Geschwindigkeit, da
zum einen der Auslenkweg des Tasters nicht überschritten werden
und zum anderen sichergestellt werden soll, daß eine Auslenkung
stattfindet. Die Lageabweichung des Antastpunkts der Tasterspitze und die Vorgabe der Ausgangsposition dürfen bei einem
Auslenkweg des Tasters von maximal 10 mm nur weniger als $\pm$ 3 mm
betragen, da sonst kein Antastsignal oder ein zusätzliches
nicht erwünschtes Notaussignal erzeugt wird.

Um bei den Alternativen A3 und A4 auch mit Tastern ohne Notaussignal die Sicherheit des Tasters und die Zuverlässigkeit der
Meßwerte zu gewährleisten, ist eine Überwachung des Antastvorgangs zweckmäßig. Die Möglichkeit, in Zeitabständen von einer
Millisekunde und weniger auf die Positionswerte zugreifen zu
können, erlaubt die Überwachung der Antastgeschwindigkeit, der
mindestens erforderlichen und der höchstens zulässigen Auslenkung sowie des Umkehrweges bis 0,5 mm nach Beendigung der Berührung. Erkannt und vermieden werden neben einer Zerstörung
des Tasters Fehlmessungen aufgrund von Fehlauslösungen des Tasters, durch Erschütterungen oder durch unbeabsichtigte Berüh-
rungen mit dem Werkstück oder mit Vorrichtungen.

Da die Funktion "Restweg löschen" bei den meisten der bisher
eingesetzten CNC-Steuerungen nicht zur Verfügung steht, bieten
sich die Alternativen A3 und A4 an. In Relation zu dem in Kap.
3.1.5 beschriebenen Verfahren sind die Nachteile von A3 und A4
gegenüber A1 jedoch klein, da die reduzierte Geschwindigkeit
immer noch 0,5 m/min gegenüber 0,002 m/min beträgt.

7.1.3.2 <u>Steuerungsunabhängiges Antastverfahren</u>

Aufgrund der in Bild 4.7 dokumentierten Meßergebnisse wurden an
der betreffenden Drehmaschine Schwingungsmessungen durchgeführt. Diese ergaben eine maximale Schwingungsamplitude von
5 µm am Werkzeughalter bei einer Frequenz von 150 Hz. Das Auftreten dieser Schwingungen ist nicht spezifisch für eine bestimmte Drehmaschine, sondern für eine Ausführung von Antriebsverstärkern. Um diese die Streuung verursachenden Schwingungen
während der für das Antastverfahren notwendigen Antastbewegung
zu eliminieren wird, wie in Bild 7.6 dargestellt, zur Zurück-
legung des Antastweges der Antriebsmotor der bewegten Achse an
eine konstanten Strom liefernde Gleichstromquelle angeschlos-
sen. Voraussetzung hierfür ist ein Umschalter im Motorstrom-
kreis, der außer der üblichen Verbindung zur NC-Steuerung die
alternative Gleichstromspeisung erlaubt.

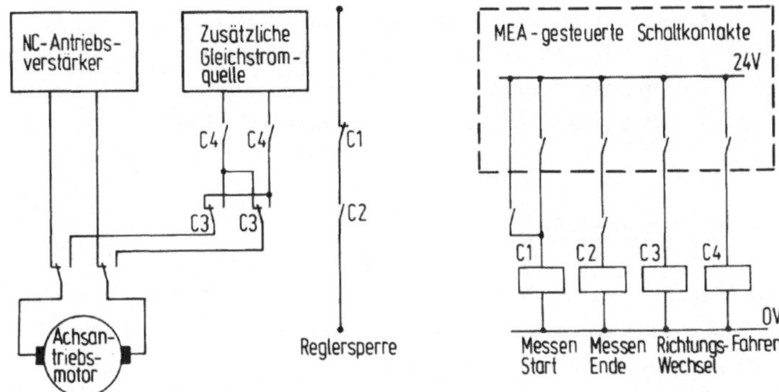

Bild 7.6: Automatische Steuerung der Antastbewegung ohne
          NC-Steuerung

Nachdem die Ausgangsposition für das Messen NC-gesteuert erreicht ist, wird der Lagereglerausgang gesperrt. Danach werden
die Verbindungsleitungen vom Lagereglerausgang zum Antriebsmotor getrennt und die Stromversorgung des Motors auf die zusätzliche Stromquelle umgeschaltet. Diese Sperrung und Umschaltung
kann z.B. durch eine M-Funktion ausgelöst werden. Die weitere
Steuerung des Motors mit den drei Steuerfunktionen Halt, Links-
und Rechtslauf übernimmt die MEA. Diese Möglichkeit der zusätzlichen Ansteuerung kann sich auf eine Maschinenachse beschränken, wenn jedoch Bahnsteuerungsverhalten gefordert wird, werden
einstellbare Stromquellen benötigt, und damit entsteht ein Aufwand, der für diese Zusatzeinrichtung u.U. nicht gerechtfertigt
ist. Für die Antastung durch Bewegung lediglich einer Achse genügt die Programmierung der Vorgabe der Antastrichtung im NC-
Programm. Die MEA übernimmt die Steuerung des Antriebsmotors.
Die resultierende gleichförmige Bewegung wird durch ein Antastsignal gestoppt, das gleichzeitig die Meßwertübernahme bewirkt
und sofort oder nach Rückkehr zur Ausgangsposition eine Umschaltung auf NC-Betrieb zur Folge hat.

Für beliebige Antastrichtungen in der Ebene oder im Raum bietet
sich als Alternative, die Antriebsverstärker so zu verbessern
oder bei neuen Anlagen so zu wählen, daß die Frequenz zum An-
steuern der Motoren über 1000 Hz liegt und damit eine Auswirkung auf die Mechanik der Maschine vermieden wird.

7.1.4 Erfassungshardware

Bild 7.7 zeigt den Aufbau eines Hardwareteils Messen, der die
in Kapitel 5.3 aufgestellten Anforderungen erfüllt. Mittels des
Meßsystemumschalters ist der Hardwareteil auf die in Bild 5.6
dargestellten Ausgangssignale der Wegmeßsysteme einstellbar.

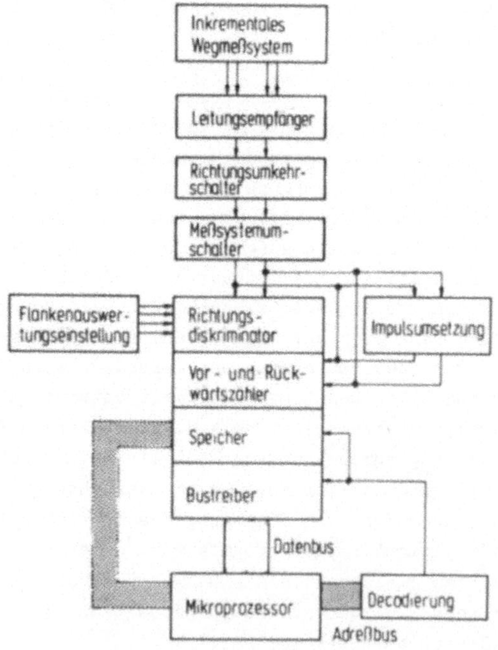

Bild 7.7: Hardware zur Erfassung von Maschinenpositionen

Um die Signalübertragung vom Meßsystem zur Erfassungshardware
gegenüber elektrischen Störungen abzuschirmen, sind zusätzliche
Maßnahmen erforderlich. Eine Möglichkeit der Sicherung ist die
Kopplung von invertierter und nicht invertierter Übertragung
als TTL-Signalpegel, eine andere besteht in der Differenzstrom-
übertragung. Durch Verwendung der entsprechenden Leitungsempfänger ist eine Anpassung an die unterschiedlichen Leitungs-
treiber durchführbar. Vom Leitungsempfänger weiterführend übernehmen noch zwei Leitungen die Signalübertragung. Durch eine
Vertauschung dieser Leitungen läßt sich die Zählrichtung um-
kehren, um die Zählrichtung von Steuerung und MEA gleichzu-
schalten. Die Funktionen Richtungserkennung, Zähler, Speicher
und Bustreiber sind als separate logische Bausteine oder zusammengefaßt auf einem Baustein im Handel. Die integrierte Lösung
ist vorteilhafter in bezug auf Raumbedarf, Sicherheit der Übertragung und Kosten.

Neben der Richtungsumschaltung ist für die Fälle, bei denen die
Meßimpulse aus der Steuerung entnommen werden, die Abschaltung
der Richtungserkennung erforderlich, da diese bereits in der
Steuerung erfolgte. Die Übertragung der Impulse geschieht entweder, indem Vor- und Rückimpulse auf getrennten Leitungen oder
die Impulse auf einer Leitung und die Richtungsbestimmung auf
der zweiten Leitung transferiert werden. Durch eine Umschaltung
und eine Zusatzlogik für die Umsetzung der Impulse wird die
Signalübertragung auf die gewünschte Form gebracht. Zusätzliche
Steuerleitungen zum Richtungsdiskriminator ermöglichen eine Variation der Auflösung über die Flankenauswertung in drei
Stufen.

7.1.5 Erfassungssoftware

Wenn die Erfassungshardware direkt mit dem Datenbus des Mikrorechners gekoppelt wird und der zugehörige Positionsspeicher
wie der Programm- und Datenspeicher des Mikrorechners ansprech-
bar ist, ist nur ein geringer Aufwand für die Erfassungssoft-

ware nötig. Für die Messung von Verfahrwegen $>65,535$ mm und
einer Auflösung von 1 µm reicht ein 16 bit Zähler nicht aus.
Die für größere Maße benötigte Erweiterung des Zählers geschieht zweckmäßigerweise softwaremäßig, da für die Aktualisierung des höherwertigen, weitere 16 bit umfassenden Zähler-
teils ein zeitlicher Abstand bis zu 30 Millisekunden ohne zeitlichen Verzug für den gesamten Meßvorgang möglich ist. Diese
Zeitspanne ergibt sich aus der maximalen Verfahrgeschwindigkeit
von Werkzeugmaschinen, die bei 60 m/min liegt, der üblichen
Auflösung der Wegmeßsysteme von 1 µm und der Forderung, daß der
Zähler wieder aktualisiert sein muß, bevor die Hälfte des Zähl-
volumens des Hardwarezählers erreicht ist. Letztere Maßnahme
hat die Aufgabe abzusichern, daß das Zählervolumen nicht uner-
kannt überschritten wird. Bei dem eingesetzten Mikrorechner
müssen für die Aktualisierung von vier Zählern 28 Befehle ausgeführt werden, für die zusammen eine Laufzeit von 55 µs
gemessen wurde. Bezogen auf eine Zykluszeit von 30 ms ergibt
sich damit eine Auslastung von 0,18 % der Rechenkapazität. Auch
bei Rechnern mit geringerer Rechengeschwindigkeit bleibt dieser
Wert vernachlässigbar klein. Für den zyklischen Start des Ak-
tualisierungsprogramms für den Softwarezähler ist allerdings
ein Timer im Mikrorechner Voraussetzung, der in gewählten Zeitabständen Interrupte erzeugt. Für die Aktualisierung gelten die
Formeln:

$$D = H - LSW_{(n)}$$

$$MSW,LSW_{(n+1)} = MSW,LSW_{(n)} + D$$

In diesen Formeln steht LSW für ein niederwertiges, aus 16 bit
bestehendes Wort des Zählers, MSW für ein höherwertiges, 16 bit
umfassendes Wort des Zählers, H für den gelesenen Zählerstand
des Hardwarezählers und D für die Wegdifferenz zwischen zwei
Aktualisierungen. Durch Subtraktion des niederwertigen Zähler-
teils vom eingelesenen Hardwarezählerstand entsteht die zwischen zwei Aktualisierungen zurückgelegte Wegdifferenz. Der

aktualisierte Positionswert ergibt sich durch eine Doppelwort-
addition des alten Zählerstands mit der errechneten Differenz.

Durch eine Führung der Zähler in Rechenregistern wird eine
optimal kurze Programmlänge und Programmlaufzeit erreicht.
Die hardwaremäßige Erweiterung erfordert statt dessen für jede
Achse einen weiteren Baustein, bestehend aus Richtungsdiskrim-
minator, Zähler, Speicher, Bustreiber und Decodierung, also
eine Verdoppelung des Hardwareaufwands.

7.2   Meßwertverarbeitung

7.2.1 Hardwarestruktur

Bild 7.8 zeigt drei Alternativen für den Aufbau der Hardware
einer MEA. Die erste besteht darin, daß funktionsorientierte
Einzelgeräte kombiniert werden. Die Meßwerterfassung geschieht
dann mittels einer separaten Erfassungshardware. Ein Personal-
Computer übernimmt die Auswertung der Meßwerte. Weiter sind
separate V.24-Schnittstellen erforderlich, um Verbindungen zur
NC- und CNC-Steuerung herzustellen.

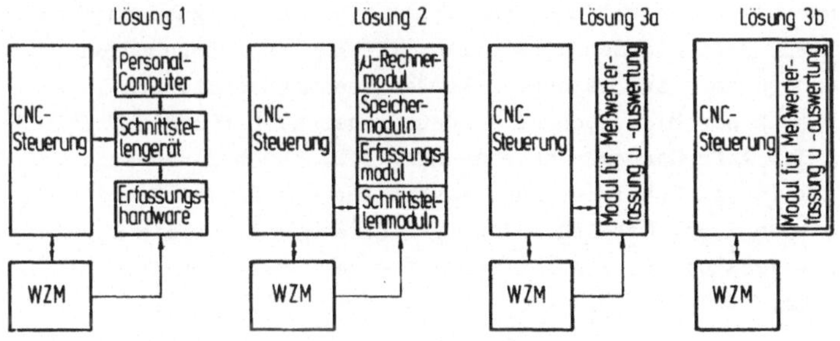

Bild 7.8: Lösungen für den Aufbau einer MEA

Vorteil der Lösung 1 ist:

- preiswerte, komplette Lösung für Aufgaben, die im Dialog mit
  einem Bediener ablaufen.

Nachteile der Lösung 1 sind:

- fehlende Schnittstellen für Maschinenmeßsysteme, Meßgeräte
  und CNC-Steuerung,
- begrenzte Erweiterbarkeit von seriellen und parallelen Ein-
  und Ausgabeschnittstellen,
- fehlender Zugriff zum internen Rechnerbus für schnelle Meßgeräte,
- für den Einsatz im Werkstattbetrieb ungeeignete Ausführung
  von Gehäuse und Bedienungselementen,
- fehlender Schutz gegen Wasser, Feuchtigkeit, Schmutz und
  elektrische Störungen,
- mangelhafte Zuverlässigkeit durch hohen Anteil an nicht
  elektronischen Komponenten, wie z.B. Netzgeräte und Steckverbindungen,
- erhöhter Wartungsaufwand durch zusätzlich benötigte Geräte
  und
- räumlich nicht in die CNC-Steuerung integrierbar.

Eine zweite Lösung besteht darin, daß ein Mikrorechner eingesetzt wird, der sich aus Moduln mit unterschiedlichen Funktionen wie Datenspeicher, parallele Ein- und Ausgabeschnittstellen, serielle Schnittstellen, IEC-Bus und Steuerungen für
externe Geräte auf separaten Karten zusammensetzt. Aus ihnen
läßt sich ein Mikrorechner aufbauen, der sich für die Erfül-
lung der Anforderungen an eine MEA, z.B. durch Hinzunahme von
zusätzlich zu konzipierenden Karten für die Positionserfassung,
erweitern läßt. Mit einem Schnittstellenmodul ist die Kopplung
dieser Version der MEA mit dem Bus einer MPST-Steuerung realisierbar.

Vorteile dieser Lösung sind:
- weitgehend aus käuflichen Komponenten aufbaubar,
- flexible Anpassung an spezielle Aufgaben und
- für den Werkstatteinsatz geeignete Komponenten.

Nachteile dieser Lösung sind:
- zusätzlich erforderlicher Steckrahmen, da die einzelnen
  Moduln nicht in den Steuerungsrahmen steckbar sind,
- hohe Gesamtkosten,
- Beeinträchtigung der Zuverlässigkeit durch hohen Anteil an
  Steckverbindungen, Busankopplungselementen und durch Einfluß
  von elektrischen Störungen durch längere Leitungen zur Verbindung der Moduln.

Eine dritte Lösung besteht darin, daß alle Elemente auf einer
Platine zusammengefaßt werden, die für Messen in der Maschine
benötigt werden. In Bild 7.9 ist die Hardwarestruktur dieser
zusammengefaßten Elemente dargestellt, die folgende Funktionen
umfaßt:
- 16 bit Mikroprozessor mit Interruptverarbeitung und Timer,
- 64 kbyte Speicher,
- 16 Ein- und Ausgabeschnittstellen,
- 2 serielle V.24-Schnittstellen,
- 4 Positionserfassungssysteme,
- Busschnittstelle für messenden Lasersensor mit Taktzeiten von
  1 ms und weniger für die in Kap. 8.1 beschriebene Kollisionsüberwachung,
- Schnittstelle für schaltenden Taster und
- Steckplatz für Busankopplung mit Systembussen unterschiedlicher CNC-Steuerungen.

Bei der Lösung 3a kann dieser Modul im Gehäuse der CNC-Steuerung untergebracht werden. Er wird z.B. über eine V.24-Schnitt-
stelle mit der CNC-Steuerung gekoppelt. Bei der Lösung 3b ist
die Verbindung zum Systembus realisiert, wie dies z.B. bei der
Integration der MEA in eine MPST-Steuerung der Fall ist.

Die Vorteile der Lösung 3 sind:
- hohe Zuverlässigkeit durch geringe Anzahl an Steckverbindungen,
- geringer Einfluß von elektrischen Störungen durch kurze
  Leitungen,

- integrierbar in andere Systeme, da nur eine Platine erforderlich ist,
- anpaßbar an andere Bussysteme durch auf der Platine steckbare
  Buskopplung,
- kurze Zugriffszeiten auf Positionswerte,
- hohe Einlesegeschwindigkeit beim messenden Lasersensor,
- geringer Kostenaufwand pro Einheit und
- für Messen mit der Maschine, Maschinenvermessung und
  Kollisionsüberwachung geeignet.

Lösung 3 wurde realisiert, weil sie am besten den Anforderungen an die Hardware der MEA entspricht.

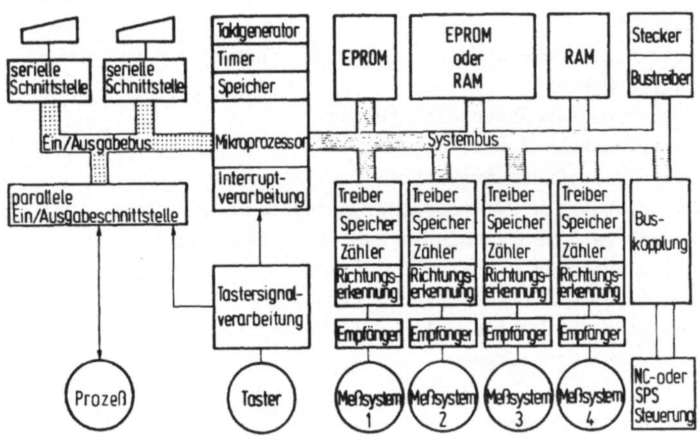

Bild 7.9: Hardwarestruktur einer MEA

7.2.2 Struktur der Anwendersoftware

Der weitaus größere Teil der MEA-Software ist der anwenderbe-
zogene, der in Bild 7.10 dargestellt ist. Neben den Anforderungen, die in Kapitel 5.5 aufgeführt sind, ist bei der Erstellung der Software zu berücksichtigen, daß die Software auf

einem Mikrorechner lauffähig sein soll. Wegen der räumlichen
Unterbringbarkeit sowie aus Kosten- und Zuverlässigkeitsgründen
wird kein Peripherspeicher eingesetzt. Auch die Größe des Zen-
tralspeichers ist zusätzlich durch die Adressiermöglichkeiten
des Mikroprozessors auf 64 kbyte begrenzt. Die Anforderungen
an die Genauigkeit der Auswertung setzen eine Mindestdaten-
breite von 80 bit bei Festkommazahlen voraus.

Die Forderung nach der Erstellung der Software in einer höheren
Programmiersprache, z.B. Pascal, zusätzlich zu den bereits aufgestellten Anforderungen kann mit einem Rechner mit einem 16
bit Adreßbus nicht erfüllt werden, da der erforderliche fünf-
fache Speicherbedarf nicht adressiert werden kann. Der Einsatz
eines Rechners mit 20 bzw. 32 bit Adreßbus wurde zusammen mit
dem außerdem erforderlichen Speicher als zu kostenaufwendig
erachtet.

Die Anwendersoftware umfaßt die Programmteile:
- Meßwerterfassung,
- Meßaufgabenbereitstellung,
- Verwaltung,
- Meßwertverarbeitung,
- Korrekturdatenbereitstellung und
- Dokumentation.

Die Reihenfolge der Programmteile entspricht ihrer Priorität.
Das Programm mit der jeweils höheren Priorität unterbricht das
Programm mit der niedrigeren Priorität für die Dauer eines Ablaufs. So unterbricht nach Aktivierung der Meßwerterfassung ein
durch eine Antastung am Werkstück ausgelöster Interrupt jedes
andere ablaufende Programm. Bild 7.10 zeigt außerdem die erforderlichen Speicher und die Zugriffsmöglichkeiten der Programmteile.

Das Eintreffen einer Meßaufgabe oder auch nur eines Startsi-
gnals führt zur Ablage der Daten im festgelegten Format im Meß-
aufgabenspeicher und zur Aktivierung der für die Organisation
des weiteren Ablaufs zuständigen Programmablaufsteuerung.

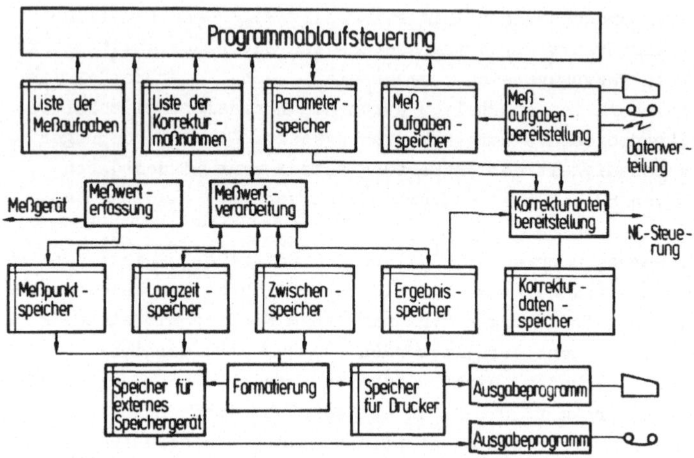

Bild 7.10: Struktur der Anwendersoftware

Die Programmablaufsteuerung decodiert die abzuarbeitende Meßaufgabe, überprüft mit Hilfe der Liste der Meßaufgaben und der
Liste der Korrekturmaßnahmen die Zulässigkeit der Teilaufgaben
und trägt Parameter wie Sollwerte, Toleranzangaben und Angaben
zur Dokumentation in den Parameterspeicher ein. Die Überprüfung
der Meßaufgabe ist besonders wichtig, da bei automatischer Korrekturrückführung das Risiko für die weitere Bearbeitung hoch
ist.

Nach der Decodierung aktiviert die Programmablaufsteuerung die
Meßwerterfassung. Die Meßwertübernahme in den Meßpunktspeicher
erfolgt dann aufgrund eintreffender Antastsignale des Tasters.
Nachdem sich die für die Auswertung notwendige Anzahl von Meßwerten im Meßwertspeicher befindet, wird die Meßwertverarbeitung von der Programmablaufsteuerung beauftragt, Berechnungen
durchzuführen, z.B. aus drei Meßwerten einen Durchmesser zu berechnen. In Abhängigkeit davon, ob es sich beim Ergebnis um
ein Maß oder einen Koordinatenwert eines Raumpunktes handelt,
wird es in den Ergebnis- oder in den Zwischenspeicher

geschrieben. Die Trennung hat den Vorteil, daß Ergebnisse von
Berechnungsfunktionen, die nicht für weitere Verknüpfungen geeignet sind, auch nicht bei der Verwaltung der Daten im Zwischenspeicher berücksichtigt werden müssen.

Koordinatenwerte können durch Vorgabe einer Adresse im Langzeitspeicher für eine beliebige Anzahl von Zugriffen für weitere Berechnungen bereitgehalten werden, damit gleiche Punkte
nicht mehrmals gemessen werden müssen.

Die Korrekturdatenbereitstellung beinhaltet zunächst einen
Soll-Istwertvergleich, der mit Hilfe der im Parameterspeicher
angegebenen Sollwerte und Toleranzgrenzen Toleranzüberschrei-
tungen feststellt. Danach können aufgrund der Toleranzüber-
schreitungen die in der Meßaufgabe vorgesehenen Korrekturdaten
aus der Liste der Korrekturmaßnahmen entnommen und der CNC-
Steuerung über eine externe Korrekturwerteingabe zur Verfügung
gestellt werden.

Neben diesem Ziel des Messens mit der Maschine ist jedoch die
Dokumentation und die unmittelbare Information des Bedieners
wesentlich. Für die Information genügt ein Bildschirm, für die
Dokumentation ein Drucker oder ein Kassettengerät.

Nicht nur das Dokumentationsgerät sondern auch die auszugeben-
den Daten sind auszuwählen. Nur bei der Inbetriebnahme oder
einer generellen Überprüfung werden alle Meßpunkte, Zwischenwerte, Ergebnisse, Sollwerte, Grenzwerte und Korrekturdaten
dokumentiert, für Meßzwecke sind jedoch derartige Protokolle
zu wenig übersichtlich. Die Selektion der zu dokumentierenden
Daten wird deshalb über Parameter gesteuert, die mit der Meßaufgabe oder durch den Bediener eingegeben werden.

Über diese Parameter wird auch der Transfer der darzustellen-
den Daten auf dem Speicher für das gewünschte Ausgabegerät ver-
anlaßt. Diese gerätespezifischen Speicher sind notwendig, um
den Ablauf des Meßvorgangs nicht durch langsame Dokumentations-

geräte zu verzögern. Während der Pausen zwischen Meßwerterfassung, -auswertung und Korrekturdatenbereitstellung ist dann die Ausgabe durch Ausgabeprogramme mit niederer Priorität möglich. Bild 7.11 zeigt das Ergebnis der Durchführung einer Messung, der in Bild 6.7 aufgelisteten Meßaufgabe. Dabei wurden sowohl die Antastwerte, Zwischenwerte, Werte aus dem Langzeitspeicher und als Ergebnis der Bohrungsdurchmesser und der Abstand c ausgedruckt. So wird dem Bediener die Überprüfung der einzelnen Antastpunkte und der Rechenoperationen z.B. bei der Inbetriebnahme ermöglicht. Durch Vorgabe des Dokumentationsparameters ist jede Datenart auszuwählen.

```
*** MESSPROTOKOLL  FUER  MASCHINENINTERNES MESSEN (ISW) * MBB-UFF/AUG-FF132 ***
```

ORT	IDENTNR	LCODE	LOS-NUMMER	MA	LOSGR	STPGR	DATUM	PRUEFER-IDENT	A
MIM	ASX 343				2	1	01/06/83	KOHLER ISW	N

IDENTNR	MESSOBJEKT-BEZEICHNUNG FUER ZU MESSENDES TEIL	RSTGR	A
ASX 343	VORRICHTUNGSPRUEFUNG	1	N

MNR	MESSGROESSE	ME	SP	SOLLWERT	o.TOL	u.TOL	K	MW / VW	ISTWERT	ABWEICH	KOM
1	GERADE	XY	1				X	204.564	- 0.005		
							Y	120.001	40.003		
							Z	315.001	0.000		
			2				X	204.569	204.569		
							Y	79.998	79.998		
							Z	314.999	0.000		
2	BO-PKT 1		3				X	166.654			
							Y	100.002			
							Z	315.001			
	BO-PKT 2		4				X	135.413			
							Y	99.998			
							Z	314.998			
	BO-PKT 3		5				X	151.001			
							Y	115.611			
							Z	315.000			
	BO-MITTE		6				X		151.033		
							Y		99.991		
							Z		0.000		
3	LZS-RECALL		3				X	166.654			
							Y	100.002			
							Z	315.001			
	LZS-RECALL		4				X	135.413			
							Y	99.998			
							Z	314.998			
	LZS-RECALL		5				X	151.001			
							Y	115.611			
							Z	315.000			
	DURCHMESSER			37.250	0.050	-0.050	M		37.242	0.000	GUT
4	LZS-RECALL		6				X	151.033			
							Y	99.991			
							Z	0.000			
	LZS-RECALL		1				X	- 0.005			
							Y	40.003			
							Z	0.000			
	LZS-RECALL		2				X	204.569			
							Y	79.998			
							Z	0.000			
	ABSTAND c			50.500	0.200	-0.100	M		50.535	0.000	GUT

```
KOMMENTAR : AUTOMATISCHER MESSABLAUF BEENDET !!!
```

Bild 7.11: Protokoll einer Durchmesser- und Abstandsbestimmung
an einem Werkstück

7.3 Kopplung einer MEA mit einer Standard-CNC-Steuerung

Die Kopplung einer MEA mit einer CNC-Steuerung erfordert im
CNC-Programmsystem zusätzliche Programmteile. Bei nachträg-
licher Realisierung ist Einblick in die Dokumentation der CNC-
Programme in Form einer Programmbeschreibung, von Flußdiagram-
men und von Programmlisten Voraussetzung. Für den Transfer der
in das jeweilige NC-Programm integrierten Meßaufgaben sind Er-
weiterungen im Programm zur Steuerung des Informationsflusses
notwendig. Am besten werden zu diesem Zweck Hilfsfunktionen
für Meßaufgabenbeginn und Meßaufgabenende vereinbart, wobei
zwischen diesen Hilfsfunktionen Meßaufgaben mit beliebiger
Zeichenbelegung und Länge stehen können. Die so dargestellten
Meßaufgaben eignen sich für eine Ablage im Arbeitsspeicher der
CNC-Steuerung und werden vor der Abarbeitung der zugehörigen
NC-Sätze mit Geometrieinformation über eine im CNC-Rechner vorhandene Schnittstelle an die MEA weitergegeben. Bei diesem In-
tegrationsmodus läuft die Datenübertragung während der Abarbeitung des vorausgehenden NC-Satzes, d.h. unmittelbar bevor
die Daten benötigt werden.

Auf diese Weise ist die Synchronisierung zwischen Antastbewegung und Auswertung mit dem geringsten Fehlerrisiko gelöst.
Außerdem sind keine getrennt zu verwaltenden Datenträger,
keine Meßaufgabenverwaltung und nur eine minimale Meßaufga-
benspeicherung in der MEA erforderlich. Die Entkopplung der
Zeichenbelegung bei Meßaufgaben und sonstigen NC-Sätzen erlaubt eine übersichtliche und kompakte Darstellung der Meßaufgabe mit Kommentaren für den Maschinenbediener. Bild 7.12
zeigt die Integration einer Meßaufgabe in ein NC-Programm
unter Verwendung des meßtechnisch orientierten Codes.

Die Rückführung der Korrekturdaten in den Speicher der CNC-
Steuerung ist über eine Hilfsfunktion im NC-Programm steuerbar.
Der Softwareaufwand besteht in einer Eingabeschnittstelle und
einem Programm zur Selektion der Korrekturdaten.

Bild 7.12: Beispiel der Integration einer Meßaufgabe in ein
          NC-Programm

Die Hardware für die erforderliche Schnittstelle ist bei einzelnen auf dem Markt befindlichen Steuerungen realisiert. Durch
die Hilfsfunktion wird ein Einleseprogramm gestartet, das alle
von der MEA angebotenen Daten einliest, die auf drei Arten
wirksam werden können:

Eine Möglichkeit besteht darin, die in der CNC-Software geführ-
ten Positionsistwerte zu verwenden und sie um die übergebenen
Korrekturwerte zu vergrößern oder zu verkleinern. Bei absoluter
Verfahrwegberechnung ist die Korrektur solange wirksam, bis
wieder neue Korrekturwerte der gleichen Größe aber mit umge-
kehrtem Vorzeichen rückgeführt werden.

Die zweite Möglichkeit nutzt für die Korrektur vorhandene Null-
punktkorrekturspeicher, die nur den jeweils aktuellen Korrekturwert beinhalten und die bei der Positionssollwertberechnung

berücksichtigt werden. Die Rückkehr zum Ausgangswert ist leichter möglich, da die Speicher hierfür nur gelöscht werden müssen.

Bei der dritten Möglichkeit werden die Korrekturdaten im Werkzeugkorrekturspeicher geführt und sind dann jeweils nur für ein spezielles Werkzeug wirksam und werden durch Überschreiben der Speicher wieder unwirksam.

Alle drei Möglichkeiten sind erforderlich, und die Auswahl kann durch unterschiedliche Hilfsfunktionen oder durch Kopplung von Kennwerten mit den Korrekturwerten gesteuert werden. Die Aufgabe der CNC-Software besteht dann darin, die verschiedenen Hilfsfunktionen oder die mitgelieferten Kennwerte, die Art, Größe und Dauer einer Korrekturmaßnahme zu erkennen, die Korrekturwerte zu verarbeiten und gezielt abzuspeichern.

7.4 Integration einer MEA in eine MPST-Steuerung

Für einen separaten Soft- und Hardwaremodul zum Messen in der Maschine gibt es auch bei MPST-Steuerungen eine Reihe von Gründe. Die Erfassung der Antastposition mittels steuerungsunabhängiger Hardwarezähler erlaubt die Optimierung der Antastgeschwindigkeit und die Überwachung des Antastvorgangs. Dabei kann außerdem zwischen maximal erreichbarer Meßgenauigkeit und minimalem Zeitbedarf für einen Antastvorgang optimiert werden.

Die Meßgenauigkeit wird nicht nur durch einen optimierten Antastvorgang sondern auch durch zeitlich integrierte Fehlerkompensationsmöglichkeiten verbessert. Dabei ist die freiverfügbare Rechen- und Speicherkapazität sowohl für die Aufnahme, Verwaltung und Abspeicherung als auch für die Berücksichtigung der Kompensationswerte vorteilhaft. Ein separater Rechner erlaubt auch Meßvorgänge und Überwachungsvorgänge während der Bearbeitung. Auch setzt das Messen mit maschinenunabhängigen Meßgeräten wie Meßschieber, Bohrungsmeßgeräte oder auch Temperaturmeßfühler eine unabhängige Hardware voraus.

Die Software für eine 3-D-Auswertung, die Fehlerkompensation
und zugehörige Daten, die maschinenunabhängige Meßwerterfassung
und Überwachung sind so umfangreich, daß ein Speicherbedarf
zwischen 32 und 64 kbyte benötigt wird. Des weiteren erfordert
eine flexible, anwenderfreundliche Dokumentation der Meßwerte
ca. 10 kbyte Software.

Für einen optimalen Meßablauf und die Beeinflussung des Bear-
beitungsprozesses ist eine vollständige Integration der Software in die Informationsverarbeitung der MPST-Steuerung, wie
in Bild 7.13 gezeigt, notwendig. Die Bereitstellung der Meßaufgaben erfolgt durch die NCVA / 29 / aus dem NC-Programm über
den MPST-Bus an den Modul MEA. Über die der Abarbeitung um ein
oder zwei NC-Sätze vorauseilende Datenverarbeitung und Weiter-
gabe ist die Synchronisation zwischen Antastbewegung und Meßwerterfassung voll gewährleistet. Durch eine Erweiterung des
Steuerungsmoduls geometrische Informationsverarbeitung wird
eine Optimierung des Antastvorgangs erreicht.

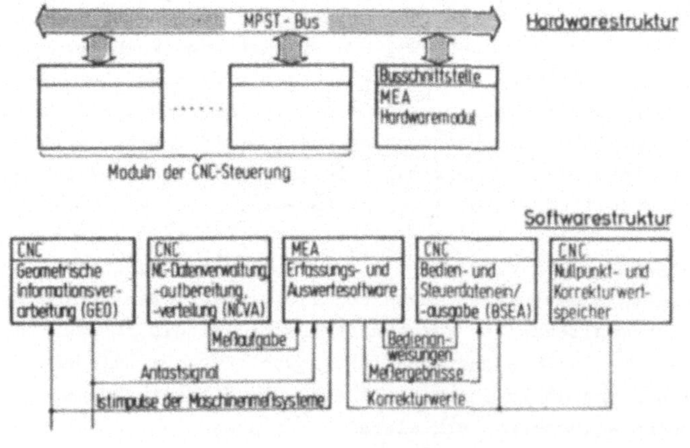

Bild 7.13: Integration einer MEA in eine MPST-Steuerung

Mit einem speziellen Antastzyklus, der in der Ausgangsposition
einer Antastbewegung wirksam gemacht wird, wird nach dem Eintreffen eines Antastsignals der noch zu verfahrende Restweg gelöscht und damit die Maschinenbewegung unterbrochen. Ein zusätzlicher Zähler, der die Sollwertimpulse zwischen dem Beginn
des Antastzykluses und dem Eintreffen des Antastsignals regi-
striert, liefert die Sollimpulse für die Rückkehr zur Ausgangsposition.

Das Verfahren erlaubt eine Antastung mit drei simultan bewegten Achsen, wobei nur die Zielrichtung und nicht der Zielpunkt
mittels eines NC-Satzes genau vorgegeben wird, und die Rückkehr
zum Ausgangspunkt automatisch mit Eilganggeschwindigkeit erfolgt. Daraus ergibt sich eine einfache Programmierung der Antastbewegung bei geringem Zeitaufwand für die Bewegung. Durch
Beauftragung von im System vorhandenen Datenhandlern werden
von der MEA über den MPST-Bus Korrekturwerte eingetragen. Ebenso ist es möglich, Bedienanweisungen, Meßergebnisse und Korrekturwerte über den MPST-Bus an das Bedienfeld der CNC-Steuerung
auszugeben und Daten vom Bedienfeld in die MEA einzugeben.

Zusammenfassend ist festzustellen, daß
- die reibungsfreie Taststiftlagerung mit Federstahldrähten
  auch bei einer Taststiftlänge von 90 mm eine Streuung der
  Referenzpunktlage kleiner 1 µm ergibt,
- die Signalübertragung mit integrierter Notaussignalerzeugung
  sich vor allem bei der Durchführung von Meßversuchen als vorteilhaft erweist,
- die Übernahme der Antastkoordinatenwerte bei bewegter Maschine in steuerungsunabhängige Hardwarespeicher eine schnelle
  und genaue Meßwerterfassung bei flexibler Anpassung an Maschine und Taster erlaubt,
- die entwickelte Software die Anforderungen bezüglich ein-
  facher Programmierung auch komplexer Meßaufgaben sowie auch
  der Rechengenauigkeit erfüllt,
- die realisierte Kopplung einer MEA und einer CNC-Steuerung
  die automatische Meßwertgewinnung und Korrekturrückführung
  ermöglicht.

8 Messen in der Maschine mit anderen Zielsetzungen

Die MEA wird vielseitiger und kostengünstiger in bezug auf die
Anschaffungskosten, wenn sie auch zu anderen Zwecken als zur
Qualitätssicherung dienen kann.

8.1 Kollisionsüberwachung

Außer für die Qualitätssicherung kann die MEA auch zur Kollisionsüberwachung bei NC-gesteuerten Werkzeugmaschinen eingesetzt werden. Höhere Schnitt- und Vorschubgeschwindigkeiten,
größere Vorschubkräfte und ein höherer Automatisierungsgrad
steigern die Leistungsfähigkeit der Werkzeugmaschinen, aber
auch die Gefahren, die eine mögliche Kollision beim Schleifen,
Drehen und Fräsen in sich birgt. Die Beschädigung immer teurer
werdender Maschinen verursacht hohe Kosten, aber auch das
Risiko für den Bediener vergrößert sich. Besonders beim Außenrundschleifen, wo bei großer Masse der Schleifscheibe die ge-
speicherte kinetische Energie mit dem Quadrat der Geschwindigkeit wächst, kann sich diese Energie im Kollisionsfall teilweise auf das Werkstück übertragen oder die Scheibe zum Bersten
bringen. Als Ursachen für eine unbeabsichtigte oder mit zu
großer Vorschubgeschwindigkeit erfolgende Berührung kommen
Fehlbedienung, falsche Zuordnungen von Werkstück und NC-Programm, zu großes Aufmaß des Werkstücks, Fehler im NC-Programm
sowie der Ausfall von Steuerungskomponenten, also von Meßsystemen, Rechnern und Antriebsverstärkern, in Betracht.

Bisher eingesetzte eingriffserkennende Sensoren verringern das
Risiko einer Kollision nur unwesentlich, da z.B. nach Berühr-
erkennung im Eilgang noch ein Bremsweg bis zu 10 mm zurückgelegt wird. Die ideale Lösung wäre ein Sensor, der die Abstände
zwischen Werkzeug und Werkstück, Werkzeug und Maschinenteilen
sowie Werkstück und Maschinenteilen laufend mißt. Aus diesen
gemessenen Abständen und den zu messenden Vorschubgeschwindigkeiten wäre dann ein Kollisionssignal so generierbar, daß die
maschinenspezifischen Bremswege berücksichtigt werden könnten.

Ein schaltender Taster wie er bei den Meßaufgaben zur Qualitätssicherung eingesetzt wird, kommt zur Konturerfassung nicht
in Frage, da verfahrensbedingt der Zeitaufwand für den Meßvorgang zu groß und auch die Vorgabe der Antastwege zu aufwendig
wäre.

Wenn sich die kritischen Abstände mangels geeignetem Sensor
schon nicht messen lassen, so besteht doch die Möglichkeit,
diese Abstände aus der Werkstück-, Werkzeug- und Maschinenkontur sowie der Maschinenposition zu berechnen. Während die Ma-
schinen- und Werkzeugkontur in der Regel konstant sind oder bei
Werkzeugwechsel mit Hilfe der Werkzeugnummer aus einem vorhandenen Datensatz ausgewählt werden, ist die Werkstückkontur als
Datensatz zunächst nicht vorhanden. Diese Kontur und die Lage
des Werkstücks auf dem Maschinentisch kann um Eingabe- und Bedienfehler auszuschließen, sicher nur durch Messen erfaßt
werden. Dabei ist die Erfassung einer rotatorischen Werkstückkontur relativ einfach, da sie sich auf eine Abstandsmessung in
einer Ebene beschränkt. Bei prismatischen Werkstücken hängt die
Wirtschaftlichkeit des Einsatzes des Kollisionsschutzes von der
Anzahl der zu vermessenden Ebenen und damit von der erforderlichen Meßzeit und der für die Verarbeitung der Meßdaten benötigten Rechenzeit ab.

Die Hardware der MEA, wie in Bild 7.9 vorgestellt, erfüllt die
Voraussetzungen
- für die Abspeicherung der Werkstück-, Werkzeug- und
  Maschinenkontur,
- für den schnellen Zugriff auf die Maschinenpositionen,
- für die Rechenkapazität zur Berechnung der kritischen
  Abstände,
- für die Schnittstelle zum Anschluß eines schnellen,
  berührungslos arbeitenden, Abstand messenden Lasersensor und
- für eine anpaßbare Schnittstelle zu CNC-Steuerungen.

Bild 8.1 zeigt beispielhaft ein Überwachungssystem an einer
Außenrundschleifmaschine. Dieses System besteht aus der

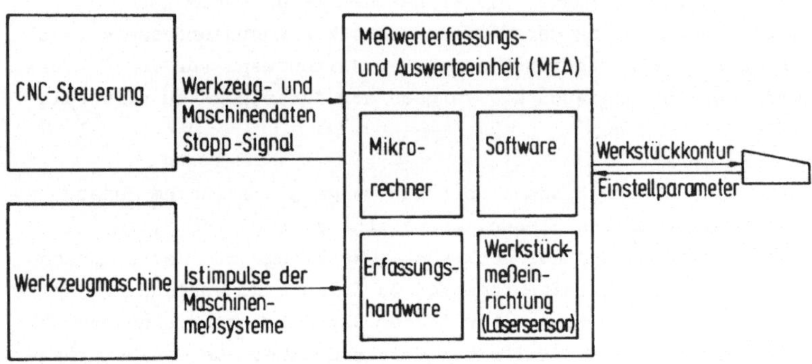

Bild 8.1: Kollisionsüberwachung mit einer MEA

Hardware einer MEA ohne 3-D-Taster, zusätzlichen Wegmeßsystemen
sowie Werkstück- und Werkzeugmeßeinrichtungen.

Die zusätzlichen Wegmeßsysteme mit einer Auflösung von z.B.
0,1 mm dienen der Überwachung der Maschinenmeßsysteme, die in
der Regel mit 1 µm auflösenden Maschinenmeßsysteme der Bestimmung der Verfahrgeschwindigkeit und Maschinenposition. Mittels
der gemessenen und abgespeicherten Werkstück- und Werkzeugkontur und der aktuellen Maschinenposition ist die Berechnung des
tatsächlichen Abstands zwischen Werkstück und Werkzeug möglich,
wobei der geforderte Minimalabstand dem Bremsweg bei der jeweiligen Verfahrgeschwindigkeit entspricht / 31 /.

Die Werkstückmeßeinrichtung soll mit einer Meßgeschwindigkeit
arbeiten, die bei maximaler Eilganggeschwindigkeit der Maschine von 100 mm/s noch in zwei Dimensionen eine Auflösung
von 0,1 mm bei einem Meßbereich von 250 mm im Radius ermöglicht. Außerdem soll die Integration des Sensors in den Arbeitsraum der Maschine die Zugänglichkeit der Maschine nicht
beeinträchtigen und trotz Einfluß von Kühlmitteln und Spänen
funktionsfähig sein. Diese Forderungen sind mit einer optischen, berührungslos arbeitenden Meßeinrichtung, wie sie in
Bild 8.2 dargestellt ist, erfüllbar.

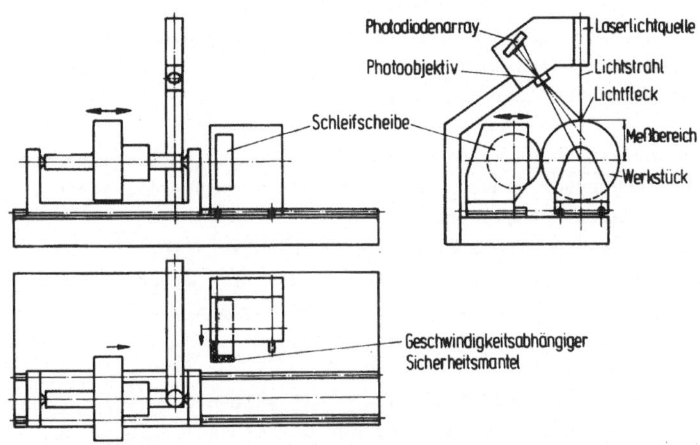

Bild 8.2: Optische Werkstückmeßeinrichtung für rotatorische
         Werkstücke

Die Meßeinrichtung ist fest mit der Werkzeugmaschine verbunden,
und das auf dem Werkstücksupport sich befindende Werkstück wird
in Längsrichtung an der Meßeinrichtung manuell oder automatisch
mit bis zu maximaler Eilganggeschwindigkeit vorbeibewegt. Dabei
liefert das Meßsystem des Werkstücksupports eine Dimension und
die optische Meßeinrichtung die zweite. Die optische Meßeinrichtung arbeitet nach dem Prinzip der Triangulation. Dabei
wird mit einem Helium-Neon-Laser auf dem Werkstück ein inten-
siver Lichtfleck erzeugt, welcher mit Hilfe eines Photoobjek-
tivs auf einem Lineardiodenarray abgebildet wird. Entsprechend
dem Durchmesser des Werkstücks wandert auch das Bild des Licht-
flecks auf dem Diodenarray und beleuchtet damit stets andere
der z.B. 1024 Dioden des Arrays. Das Rohergebnis der Messung
ist zunächst eine Diodenadresse, die mit Hilfe einer Tabelle in
einen Durchmesserwert umgerechnet wird. Da das Bild des Licht-
flecks auf dem Diodenarray mehrere Dioden abdeckt, wird die
Summe der Produkte aus Diodenadresse und zugehöriger Intensität

durch die Summe der Intensitäten dividiert, um den Bildschwerpunkt zu erhalten. Damit ist eine Auflösung auf Bruchteile von Dioden möglich, und die Meßunsicherheit ist kleiner als eine Diodenadresse. Damit ist auch sichergestellt, daß die Auflösung nur ein Bruchteil der Meßunsicherheit ist.

Die geforderte Genauigkeit wird erreicht. Der entwickelte Sensor hat gegenüber einem käuflichen Sensor / 33 / die Vorteile
- des größeren Meßbereichs,
- des größeren Minimalabstands von der Werkstückoberfläche,
- der kleineren Meßunsicherheit senkrecht zur Strahlrichtung wegen des kleineren Strahldurchmessers und
- des niedrigeren Investitionsaufwandes.

Für die zu erreichende Meßunsicherheit gelten beim Kollisionsschutz andere Kriterien als bei der Qualitätssicherung. Die Meßunsicherheit ist von der bei der Bearbeitung einzuhaltenden Toleranz vollkommen unabhängig. Sie wird beim Kollisionsschutz dadurch berücksichtigt, daß für den Bremsweg der Maschine ein um die Meßunsicherheit vergrößerter Wert angenommen wird. Dies hat zur Folge, daß ein Weg von 0,1 bis 0,5 mm nur mit reduzierter Geschwindigkeit zurückgelegt werden kann.

Bei einer Meßunsicherheit in der Größenordnung von 0,1 mm sind systematische und zufällige Abweichungen der Werkzeugmaschine (s.Kap. 4.3) in der Regel vernachlässigbar klein. Ebenso sind Schwingungen der Maschinenachsen hierbei irrelevant.

Eine mögliche Abspeicherung der Werkstückkontur wäre das paarweise Abspeichern der Längsachsenpositionswerte und des gemessenen Radiuswertes bei jedem Meßpunkt. Bei einer Längsachsenauflösung von 0,064 mm ergeben sich bei einer Werkstücklänge von 1 m bereits 15 625 Meßwertepaare. Eine Komprimierung der Daten wird dadurch erreicht, daß aufeinanderfolgende gemessene Radiuswerte nur dann abgespeichert werden, wenn eine vorgegebene Differenz über- oder unterschritten wird. Damit reduziert sich z.B. die Darstellung eines Zylinders mit beliebiger Länge auf ein Wertepaar.

Bild 8.3 zeigt eine Photographie eines Werkstücks auf einer
Werkzeugmaschine mit integriertem Lasersensor. Das Ergebnis
der Vermessung dieses Werkstücks ist in Bild 8.4 dokumentiert.
Wie die oberen 4 Zeilen des Ausdrucks zeigen, wurden für die
rechnerinterne Darstellung 15 Wortpaare benötigt. Da mit einem
16 bit Wort ein Werkstückradius oder eine Werkstücklänge bis
4,192 m darstellbar ist, kann die Kollisionsüberwachung bis zu
dieser Werkstückgröße mit einer Auflösung von 64 µm durchgeführt werden.

Bild 8.3: Lasersensor beim Vermessen eines Werkstücks

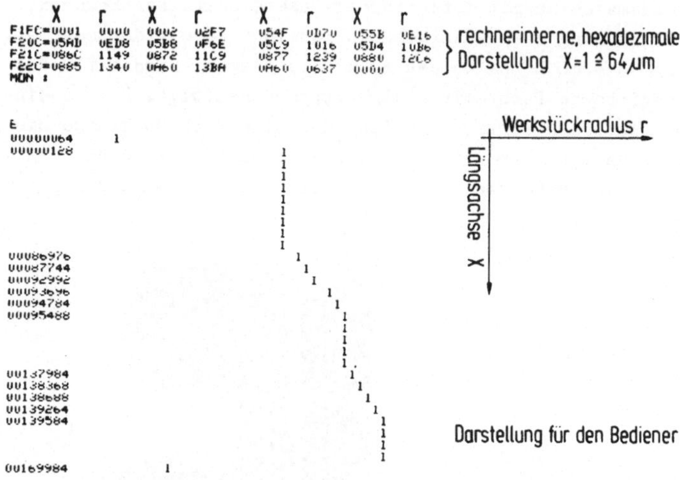

Bild 8.4: Darstellung einer mit einem Lasersensor gemessenen
Werkstückkontur

Damit der Bediener die abgespeicherte Kontur prüfen kann,
werden mit einem alphanumerischen Bildschirm oder Drucker die
zylindrischen Formen maßstäblich abgebildet. Die Darstellung
schräger Abschnitte ist dagegen von der vorgegebenen Differenz,
um die sich zwei Werte unterscheiden müssen, damit der neue
Wert abgespeichert wird, und von der bei der Messung gefahrenen Geschwindigkeit abhängig. Kleine Differenz und Geschwindigkeit bewirken eine große Anzahl abzuspeichernder Werte und
damit eine gedehnte Darstellung der schrägen Abschnitte. Deshalb werden zusätzlich Zahlenwerte ausgedruckt.

In Bild 8.5 ist die Struktur der für die gesamte Überwachungs-
einrichtung erforderlichen Software dargestellt, die Moduln der
in Bild 7.10 gezeigten Software mitverwendet. Dabei empfängt
die Programmablaufsteuerung vom Bediener oder aus einem

NC-Programm über die CNC-Steuerung Aufgaben wie Werkzeugkontur aufnehmen, Werkstückkontur messen oder Kollisionsüberwachung mit oder ohne Meßsystemüberwachung durchführen.

Das Werkstückmeßprogramm initialisiert den Lasersensor und übernimmt die vom Sensor kommenden Radiuswerte. Ein aus einem Radius und einem Längsachsenpositionswert bestehendes Wertepaar wird dann bei Über- oder Unterschreitung der Differenz aus dem aktuellen und vorhergehenden Radius in den Werkstückmeßpunktspeicher eingetragen. Das Werkstückmeßprogramm ist solange aktiv bis eine vorgegebene Längsachsenposition erreicht oder die Aufnahme einer Schlüsselkontur auf dem Werkstücksupport abgeschlossen wird, d.h. eine Folge bekannter Radien mit bekannter Länge oder die Richtungsumkehr der Längsachse erkannt wird. Das Werkzeugmeßprogramm ist geplant für die Aufnahme der Werkzeugkontur. In der ersten Ausbaustufe beschränkt sich die Werkzeugkonturerfassung auf die Übernahme von Durchmesser- und Längenwerten aus der NC-Steuerung in den Werkzeugmeßpunktpeicher.

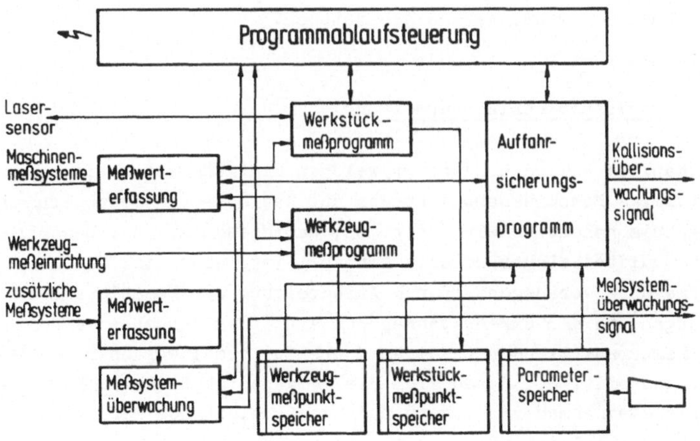

Bild 8.5: Softwarestruktur für eine Kollisionsüberwachung

Dem Parameterspeicher werden vor der Inbetriebnahme Kennwerte eingegeben, die z.B. den Abstand der Meßeinrichtung zur Schleifscheibe und zur Werkstückmitte angeben, die Bremsrampen der Maschinenachsen beschreiben oder den Bezug verschiedener Achsennullpunkte herstellen.

Das Auffahrsicherungsprogramm schließlich übernimmt die Überwachung des Abstands zwischen Werkzeug, Werkstück und Vorrichtungen. Für diesen Zweck werden im Abstand von 1 ms die Positionswerte der Maschine eingelesen, und daraus die gefahrene Geschwindigkeit ermittelt. Mit Hilfe der jeweils zugehörigen Achspositionen, der Werte in den Meßpunktspeichern für Werkzeug und Werkstück sowie im Parameterspeicher wird der tatsächliche Abstand von Werkzeug und Werkstück in beiden Verfahrachsen berechnet. Der minimal zulässige Abstand ist wegen des erforderlichen Bremsweges abhängig von der gefahrenen Geschwindigkeit. Die Erfassung der Geschwindigkeit ist außerdem wichtig, um zwischen Bearbeitungs- und Positionierbewegung unterscheiden zu können, da bei Bearbeitung das Eindringen des Werkzeugs in die Werkstückkontur möglich sein muß. Das Auffahrsicherungsprogramm läßt auf diese Weise einen geschwindigkeitsabhängigen Sicherheitsmantel um das Werkzeug entstehen.

8.2 Werkzeugmaschinenvermessung

In Kapitel 4 wird aufgezeigt,welchen Einfluß systematische und zufällige Maschinenabweichungen auf das Meß- und Bearbeitungsergebnis haben. Es wird deutlich, daß Messen mit der Maschine zur Qualitätssicherung erst sinnvoll ist, wenn eine Maschinenvermessung vorausgeht. Durch Aufbereitung der Positionsabweichungen und der Umkehrspannen der einzelnen Achsen zu einer Korrekturmatrix oder zu einer Korrekturformel werden Daten bereitgestellt, mit denen sich die Meßgenauigkeit durch Kompensationsmaßnahmen verbessern und die verbleibende Meßunsicherheit feststellen läßt.

Die Aufnahme der Meßwerte mittels eines Laserinterferometers und deren Verarbeitung ist aufwendig. Sie erfordert einen hohen Zeitaufwand für die gesamte Meßdurchführung, die nur vom Spezialisten durchgeführt werden kann. Die Auswertung verlangt vom Ausführenden die schwierige Interpretation der Ergebnisse und den fehlerfreien Korrekturdatentransfer zur NC-Steuerung.

Die automatische Auswertung der durch den Laserinterferometer erfaßten Daten ist mit zusätzlichem Geräteaufwand verbunden. Es werden ein Auswerterechner und Koppelelemente für den Datentransfer benötigt. Jedoch bieten Standard-NC-Steuerungen in der Regel keine Voraussetzung für die Abspeicherung einer umfangreichen 3-dimensionalen Korrekturmatrix. Der große Aufwand für die Aufnahme und den Transfer der Meßergebnisse wirkt sich besonders deshalb nachteilig aus, weil die Erfassung der Positionsunsicherheit in Abständen von Monaten wiederholt werden muß, da sich durch Verschleiß oder auch nach Wartungsarbeiten an Führungen, Meßsystemen oder Kugelrollspindeln die systematischen und zufälligen Abweichungen an einer Werkzeugmaschine entscheidend verändern können.

Eine Alternative hierzu ist eine MEA, wie in Kapitel 7 beschrieben, jedoch um einen Softwaremodul erweitert, zur Auswertung der Positionswerte nach / 3 /, die sowohl die Aufgabe der Qualitätssicherung als auch der Maschinenvermessung übernehmen kann. Wenn die Erfassungs- und Auswertehardware für beide Funktionen identisch ist, ist die integrierte Verarbeitung von gemessenen Werten zu Korrekturwerten ohne zusätzlichen Hardwareaufwand möglich. Bei der integrierten Meßwertverarbeitung lassen sich mit Hilfe der MEA auch Vergleiche zwischen aktuellen Messungen und vorangegangenen Messungen anstellen, um so Daten für die Wartung zu liefern. Auch ist bei einer für das Messen mit der Maschine eingebauten MEA in der Regel eines der vier Erfassungssysteme frei für das zusätzliche Längenmeßsystem, das für die Maschinenvermessung bereitgestellt werden muß. Der für die automatische Protokollerstellung benötigte

Drucker mit 80 Zeichen pro Zeile, kann sowohl für die Qualitätssicherung als auch für die Maschinenvermessung eingesetzt
werden.

Der Einsatz einer MEA zum Maschinenvermessen setzt ein Meßgerät zur Maschinenpositionserfassung voraus. Für Werkzeugmaschinen bis ca. 3 m Verfahrweg eignet sich neben dem Laserinterferometer auch ein Glasmaßstab, der sowohl die kleineren Inve-
stitionskosten verursacht als auch bei der Anwendung weniger
aufwendig ist. Ein Glasmaßstab mit Abtastkopf, wie er auch als
Maschinenmeßsystem verwendet wird, wird, wie Bild 8.6 zeigt,
auf einem Träger montiert, der mit Magnethaltern auf einem Maschinentisch befestigt wird. Ein Führungswagen auf dem Träger
dient der Bewegung des Tastkopfes. Dieser Führungswagen wird
über verschiedene Zwischenelemente mit unterschiedlichen Werk-
zeughalterungen gekoppelt. Durch Verstellen der Führungsrollen
des Wagens kann bei einer Verfahrbewegung der Maschine der
Glasmaßstabträger parallel zur Fahrtrichtung ausgerichtet werden. Während der Maschinenbewegung können aufgrund der Hard-
warevoraussetzungen der MEA an den gewünschten Rasterpunkten
die Positionswerte der Maschinenachse und des Vergleichnormals
erfaßt werden, also unter Bedingungen, die denen beim Messen

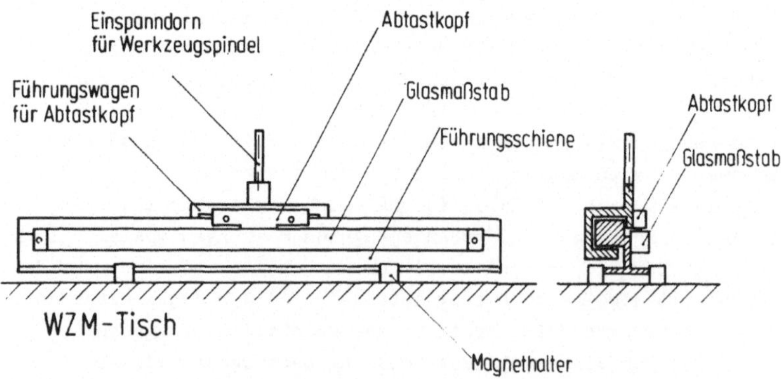

Bild 8.6: Glasmaßstab mit Tastkopfführung zur Vermessung von
Werkzeugmaschinen (WZM) / 32 /

mit der Maschine entsprechen. Hierfür können die Rasterpunkte
so gelegt werden, wie sie für die Korrekturmaßnahmen bei der
Qualitätssicherung erforderlich sind, und damit ist nach dem
Meßvorgang nur noch für die Datensicherung in einem nicht-
flüchtigen Speicher zu sorgen.

Bild 8.7 und 8.8 zeigen die Ergebnisse einer Maschinenvermessung. Für die Dokumentation in Bild 8.7 wurde dabei eine Rasterung von 30 mm gewählt, die grob genug ist, um den ganzen
oder zumindest einen großen Teil des Verfahrbereichs einer
Maschinenachse übersichtlich darzustellen. Deutlich zu erkennen
ist ein Steigungsfehler von 198 µm auf 630 mm.

Um detailliertere Aussagen zu machen, wird für wählbare Bereiche mit einem kleineren Rasterabstand dokumentiert. Im vorliegenden Fall wurde ein Rasterabstand von 0,1 mm gewählt.
Dabei zeigen sich sinusförmige Abweichungen mit einer Amplitude
von 5 µm und einer Periodenlänge von 1 mm. Während der Steigungsfehler mit größeren Meßlängen an Bedeutung gewinnt, wirkt
sich der periodische Fehler auch bei kleinen Meßlängen aus,
wenn sie nicht der Periodenlänge oder einem Vielfachen davon
entsprechen.

Die einzelnen Messungen mit einem Laserinterferometer oder
einem Glasmaßstab liefern jeweils ein 1-dimensionales Ergebnis.
Die Anzahl der durchzuführenden Messungen (n) hängt von der
Größe des Arbeitsraumes (lx, ly, lz) und des Rasterabstands
(lr) ab. Je kleiner der Rasterabstand gewählt wird, desto genauer ist auch die räumliche Fehlermatrix einer Werkzeugmaschine darstellbar. Daraus folgt eine erforderliche Anzahl von
Messungen

in X Richtung $\quad (\frac{ly}{lr} + 1)\ (\frac{lz}{lr} + 1),$

in Y Richtung $\quad (\frac{lx}{lr} + 1)\ (\frac{lz}{lr} + 1)$ und

in Z Richtung $\quad (\frac{lx}{lr} + 1)\ (\frac{ly}{lr} + 1).$

```
MESSPROTOKOLL ZUR BESTIMMUNG DER POSITIONSGENAUIGKEIT
EINER WERKZEUGMASCHINE NACH VDI/DGQ3441
-----------------------------------------------------------

[ ]    EINGABE-KENNWERTE   :

DATUM                    :  11/82
MASCHINEN-NR.            :  HELLER
PRUEFER                  :  PR
MESSGERAET               :  LH
MESS-ACHSE    [X/Y/Z]    :  X
REF -ACHSE    [X/Y/Z]    :  Y
RASTERUNG  in mm         :  30
ANZAHL DURCHGAENGE       :  3
STARTPOSITION   (RA)     :  .100
TEMPERATUR   [C]         :
ERLAEUTERUNGEN           :


POS:   MESSPOSITION            in 1.000 m
Sm :   POSITIONSABWEICHUNG     in 0.001 m
Um :   UMKEHRSPANNE            in 0.001 m
Zm :   POSITIONSSTREUBREITE    in 0.001 m

DG :  123

[ ]    TABELLARISCHE AUSWERTUNG :


   POS  :  Sm  :  Um :  Pm :   -240 -200 -160 -120  -80  -40    0   40   80  120
.........:.........:.........:.........:....:....:....:....:....:....:....:....:....:....:
   0.100:      6:     1:    42: ..........:....:....:....:....:....:...P:X.P.:....:....:....:
  30.100:-    4:     2:    21: ..........:....:....:....:....:....:..PXP.....:....:....:....:
  60.100:-   13:     4:    18: ..........:....:....:....:....:....:..PXP:....:....:....:....:
  90.100:-   24:     8:    15: ..........:....:....:....:....:....:PXP..:....:....:....:....:
 120.100:-   31:     7:    21: ..........:....:....:....:....:...PXP....:....:....:....:....:
 150.100:-   43:    13:    15: ..........:....:....:....:....:.PUXUP....:....:....:....:....:
 180.100:-   48:     9:    18: ..........:....:....:....:....:.PXP......:....:....:....:....:
 210.100:-   59:    11:     9: ..........:....:....:....:....:....X.....:....:....:....:....:
 240.100:-   63:     9:    12: ..........:....:....:....:....:PXP.:....:....:....:....:....:
 270.100:-   76:    13:    12: ..........:....:....:....:..PUXUP....:....:....:....:....:....:
 300.100:-   84:     9:     9: ..........:....:....:....:...X.......:....:....:....:....:....:
 330.100:-   94:    16:    15: ..........:....:....:....:.PUXUP.....:....:....:....:....:....:
 360.100:-  103:    10:     9: ..........:....:....:....:..X.:....:....:....:....:....:....:
 390.100:-  115:    16:     9: ..........:....:....:....:.UXU......:....:....:....:....:....:
 420.100:-  124:    12:     9: ..........:....:....:...UXU...:....:....:....:....:....:....:
 450.100:-  137:    12:     9: ..........:....:....:..UXU.:....:....:....:....:....:....:....:
 480.100:-  143:    13:     6: ..........:....:....:.UXU.:....:....:....:....:....:....:....:
 510.100:-  153:    14:     6: ..........:....:....:.UXU..:....:....:....:....:....:....:....:
 540.100:-  161:    15:     0: ..........:....:....:...UXU....:....:....:....:....:....:....:
 570.100:-  172:    13:    12: ..........:....:....PUXUP.....:....:....:....:....:....:....:
 600.100:-  181:    15:     3: ..........:....:....UXU.:....:....:....:....:....:....:....:
 630.100:-  192:    12:     6: ..........:....:....UXU...:....:....:....:....:....:....:....:
.........:.........:.........:.........:....:....:....:....:....:....:....:....:....:....:


max. POSITIONSABWEICHUNG     Sm  :   0.198
max. POSITIONSUNSICHERHEIT   Pun :   0.229

MESSPROTOKOLL - ENDE !
```

Bild 8.7: Maschinenvermessung mit einer Rasterung von 30 mm

```
[] EINGABE-KENNWERTE FUER AUSWERTUNG :

DATUM                 :
MASCHINEN-NR.         :
PRUEFER               :
MESSGERAET            :
TEMPERATUR [C]        :
RASTERUNG IN.MM       : .1
STARTPOS  IN MM       : .5
ENDEPOS   IN MM       : 3.5
ERLAEUTERUNGEN        :

POS:  MESSPOSITION              in 1.000 M
SM :  POSITIONSABWEICHUNC       in 0.001 M
UM :  UMKEHRSPANNE              in 0.001 M
ZM :  POSITIONSSTREUBREITE      in 0.001 M

[] TABELLARISCHE AUSWERTUNG :

  POS :  SM :  UM :  PM :   -20  -15  -10   -5    0    5   10   15   20   25
.......:......:......:......: ......:.....:.....:.....:....:.....:.....:.....:.....:....:
  0.500:    2:   19:    6: ......:.....:....P..U.:....:...X..:....:U..P:....:....:
  0.600:    1:   16:    9: ......:.....:...P:..U.:....:X...:....:U:.P.:....:....:
  0.700:    1:   18:    6: ......:.....:...P:.U.:....:X...:....:U..P.:....:....:
  0.800:    2:   19:    9: ......:.....:...P:..U.:....:..X..:....:U...P.:....:....:
  0.900:    3:   18:    6: ......:.....:....:P..U:....:....X.:....:..U..P....:....:
  1.000:    4:   19:    6: ......:.....:....:.P..U.:....:...X:....:...U.:P..:....:
  1.100:    5:   19:    6: ......:.....:....:..P.:U...:....X....:....:U:.P.:....:
  1.200:    4:   19:    0: ......:.....:....:....:....:...X:....:...U.:....:....:
  1.300:    4:   19:    6: ......:.....:....:P..U.:....:...X:....:...U.:P.:....:
  1.400:    3:   19:    6: ......:.....:...:P..U:....:...X.:....:...U..P....:....:
  1.500:    0:   18:   12: ......:....P....:U...:....:..X....:....:..U:....:P....:
  1.600: -  1:   18:    9: ......:....:P...U...:....:X:....:...U.:.P..:....:....:
  1.700: -  1:   17:    3: ......:.....:....:PU...:....:X:....:.UP.:....:....:....:
  1.800:    1:   17:    9: ......:.....:...P:.U.:....:X...:....:U:..P.:....:....:
  1.900:    3:   18:    6: ......:.....:....:P.U:....:...X..:....:U..P.:....:....:
  2.000:    4:   17:    9: ......:.....:....:P..:U...:....X:....:U...P...:....:
  2.100:    4:   18:    9: ......:.....:....:P...U...:....:X:....:U.:.P.:....:
  2.200:    3:   18:    6: ......:.....:....:P..U:....:....X.:....:U...P....:....:
  2.300:    4:   19:    6: ......:.....:....:.P..U:....:...X:....:...U.P:....:
  2.400:    2:   18:    9: ......:.....:...P:..U.:....:.X..:....:U...P....:....:
  2.500: -  1:   18:    9: ......:.....:..P..U...:....:X....:....:U.:.P.:....:
  2.600: -  1:   18:    3: ......:.....:....:PU...:....:X:....:.UP:....:....:....:
  2.700: -  2:   18:    0: ......:.....:....:U...:....:.X.....:...U..:....:....:
  2.800:    0:   18:    6: ......:.....:..P.:U....:....:X...:....:U:.P..:....:....:
  2.900:    1:   18:    3: ......:.....:....:PU..:....:X.:....:UP..:....:....:
  3.000:    2:   17:    6: ......:.....:....:P..U:....:..X..:....:U..P.:....:..,.:
  3.100:    2:   18:    6: ......:.....:....:P.U.:....:..X.:....:U..P:....:....:
  3.200:    2:   17:   12: ......:.....:....:P.:....:U:....:..X..:....:U....:P...:
  3.300:    1:   18:    9: ......:.....:..P.:.U.:....:X...:....:U..P:....:....:
.......:......:......:......: ......:.....:.....:.....:....:.....:.....:.....:.....:....:

max. POSITIONSABWEICHUNC    SM  :  0.198
max. POSITIONSUNSICHERHEIT  PUN :  0.229

MESSPROTOKOLL-ENDE !
```

Bild 8.8: Maschinenvermessung mit einer Rasterung von 0,1 mm

$$n = \left(\frac{ly}{lr} + 1\right)\left(\frac{lz}{lr} + 1\right) + \left(\frac{lx}{lr} + 1\right)\left(\frac{lz}{lr} + 1\right) + \left(\frac{lx}{lr} + 1\right)\left(\frac{ly}{lr} + 1\right)$$

$$n = \frac{ly \cdot lz + lx \cdot ly + lx \cdot lz}{lr^2} + 2\frac{lz}{lr} + 2\frac{ly}{lr} + 2\frac{lx}{lr} + 3$$

Bei einem Rasterabstand von 100 mm und einem Arbeitsvolumen von
1200 mm x 500 mm x 500 mm bedeutet dies, daß der Laserinterferometer oder das Meßlineal 193 mal ausgerichtet und dann
jeweils die für die statistische Absicherung notwendige Anzahl
von Meßdurchgängen ausgeführt werden müßten. Dies ist aus
Kostengründen, aber auch aus meßtechnischen Gründen nicht
realisierbar, da im Werkstattbetrieb nicht über einen Zeitraum
von Tagen konstante Temperaturbedingungen eingehalten werden
können.

Für die Aufnahme einer räumlichen Korrekturmatrix sind deshalb
andere Verfahren notwendig. Eine Lösungsmöglichkeit besteht
im Einsatz eines Kalibrierkörpers, der mit einem 3-D-Taster
anzutasten ist. Jedoch lassen sich Punkte, die sich auf einer
zweiten Ebene befinden nicht mit einem 3-D-Taster antasten,
wenn der Ebenenabstand größer ist als die Taststiftlänge.

Eine Erweiterung zu einer räumlichen Matrix kann z.B. durch
Umbau des Kalibrierkörpers geschehen, womit aber trotz hohem
konstruktiven Aufwand nicht die notwendige Genauigkeit erreichbar ist. Eine andere Möglichkeit der Kalibrierkörpergestaltung,
bei der die Erweiterung durch Verschiebung erreicht wird, zeigt
Bild 8.9 und 8.10. Es handelt sich dabei um einen Grundkörper,
auf dem ein Meßkörper auf jeweils einer der sechs Treppenstufen
aufgesetzt werden kann.

Bei Testmessungen am im Bild 8.9 dargestellten Kalibrierkörper
konnten mit einem Meßgerät mit 1 μm Auflösung keine Änderung
der Lage nach wiederholtem Abnehmen und Aufsetzen des Meßkörpers festgestellt werden. Auf dem Meßkörper schließlich ist
eine Endmaßkette so befestigt, daß z.B. im Raster von 100 mm

Bild 8.9: Vermessen einer Fräsmaschine mit einem Kalibrier-
          körper

quadratische Aussparungen hoher Genauigkeit entstehen, die je
zwei Antastungen in X- und Y-Richtung und eine in Z-Richtung
erlauben. Durch die Anordnung ergibt sich eine 2-dimensionale
unter 45 Grad im Raum stehende Matrix von Stützpunkten mit
einer Rasterung von 100 mm. An jedem Rasterpunkt ist die Antastung von fünf Flächen möglich, die eine Aussage über die systematischen Abweichungen in $\pm$X-, $\pm$Y- und einer Z-Richtung ergibt.

Die Matrix ist bei horizontaler Spindelachse der Maschine er-
weiterbar durch Verschiebung und bei vertikaler Spindelachse
zusätzlich durch Drehung um 180 Grad um die vertikale Achse des
Grundkörpers.

Bild 8.11 zeigt in der linken Bildhälfte die unter 45 Grad im
Raum stehende Matrix, die bei horizontaler Spindel durch Verschiebung entsteht. Auf diese Weise bleiben zwei Eckbereiche

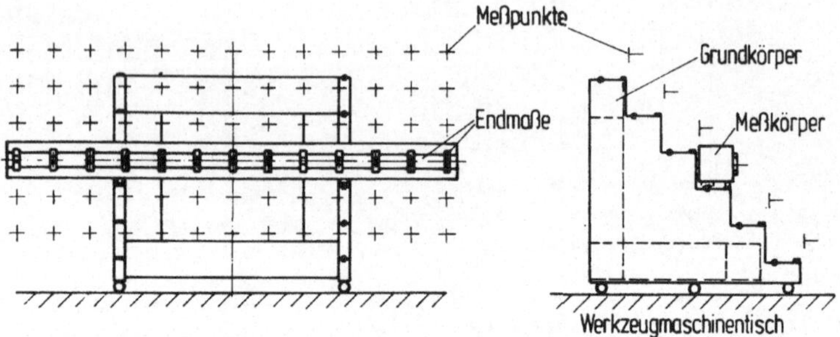

Bild 8.10: Kalibrierkörper mit treppenförmigem Grundkörper

unerfaßt. In der rechten Bildhälfte ist eine x-förmige Matrix
dargestellt, die sich bei vertikaler Spindel durch Drehung um
180 Grad ergibt. Hier sind nur relativ kleine Bereiche nicht
zu erreichen.

Nach Verschiebung oder Drehung besteht die Schwierigkeit wieder
den Bezug zur ersten Position herzustellen. Dies kann geschehen, indem die Verschiebung so definiert vorgenommen wird, daß
die Verschiebungswerte mit einer Genauigkeit von weniger als
1 µm eingehalten werden können. Aufgrund der Abhängigkeit von
der Güte des Maschinentisches ist dies praktisch nicht zu
realisieren.

Anzustreben ist deshalb eine rechnerische Ausrichtung, die auf
durch Antastung ermittelten Meßwerten basiert. Voraussetzung
hierfür ist allerdings, daß die für die rechnerische Ausrichtung benutzten Meßwerte an Maschinenpositionen aufgenommen
werden, an denen bereits durch vorangegangene Messungen die
systematischen Abweichungen bekannt sind. Bei der vertikalen
Spindelanordnung und nach Drehung gibt es Meßpositionen, in
Bild 8.11 mit Kreuz und Kreis gekennzeichnet, die doppelt
erfaßt werden und sich damit für die rechnerische Ausrichtung
eignen. Bei der horizontalen Spindelanordnung ist dies aber nur
durch zusätzliche Ausrichtmeßpunkte erreichbar. Diese Ausricht-

meßpunkte sind so anzuordnen, daß sie sich nach einer Verschiebung an einer Maschinenposition befinden, an der theoretisch
Meßposition 1 und spätere Ausrichtposition identisch sind. Voraussetzung ist, daß zuvor eine grundsätzliche Charakteristik
der systematischen Abweichungen erstellt wird. Hierzu wird vor
Beginn der 3-dimensionalen Messungen je ein Meßdurchgang für
eine Meßposition in jeder Achse mit der gewünschten Feinraste-
rung durchgeführt. Diese Ergebnisse sind bei der späteren Kompensation auch Grundlage für die Interpolation zwischen den
Rasterpunkten der 3-dimensionalen Matrix.

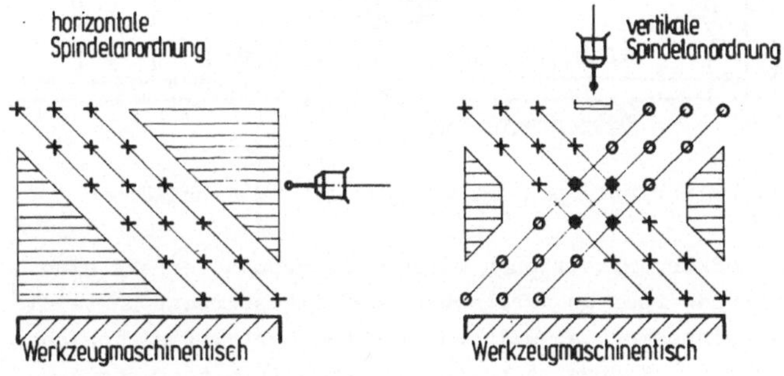

Bild 8.11: Meßpunktverteilung

Eine vollständige Erfassung des Arbeitsraumes der Werkzeugmaschine wird mit einem Kalibriernormal erreicht, wie es in Bild
8.12 dargestellt ist. Durch achsparallele Versetzung des Meßkörpers und Verschiebung des Grundkörpers sind alle Bereiche
aufnehmbar. Die Justierung des Meßkörpers geschieht wie beim
treppenförmigen Grundkörper über Kugeln mit einer Genauigkeit,
die unter 1 µm liegt. Die Ausrichtung des Grundkörpers erfolgt
über die Zuordnung von Meßpunkten und Ausrichtmeßpunkten.

Für die Meßwertaufnahme werden die Rasterpunkte des Meßkörpers in der 1. Position des Grundkörpers vom 3-D-Taster über
ein NC-Programm gesteuert angetastet.

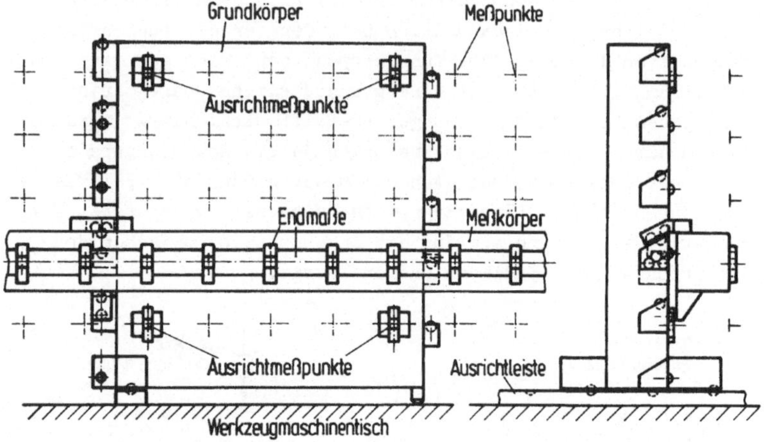

Bild 8.12: Kalibrierkörper mit achsparallelem Grundkörper

Wenn alle Meßkörperpositionen dieser Tasterebene erfaßt sind,
wird der Grundkörper so verschoben, daß die Ausrichtpunkte die
Positionen einnehmen, an welchen sich bei der 1. Position des
Grundkörpers die Meßpunkte befanden. Durch Antastung der Ausrichtpunkte wird die 2. Position in Relation zur 1. Position
bestimmt. Unter Berücksichtigung der gemessenen Istposition des
Kalibrierkörpers werden die Meßpunkte der zweiten Ebene aufgenommen. Durch weitere Verschiebungen lassen sich so beliebig
viele Rasterebenen erfassen. Die Genauigkeit und der Aufwand,
mit der der Arbeitsraum der Werkzeugmaschine mit diesem Verfahren erfaßt wird, hängt weitgehend von der Präzision der
Herstellung des Kalibrierkörpers, der Zahl der Messungen je
Meß- und Ausrichtpunkt und vom Rasterabstand ab.

Während Lösungen nach Bild 8.6 und 8.9 erprobt wurden und als
geeignet einzustufen sind, wurde das Konzept nach Bild 8.12
im Rahmen dieser Arbeit nicht realisiert und getestet.

9 Zusammenfassung

Die Automatisierung der Meßvorgänge im Arbeitsraum der Bearbeitungsmaschine konnte bisher nur in seltenen Fällen mit der Automatisierung der Bearbeitung Schritt halten.

Ziel der vorliegenden Arbeit war es, eine Einrichtung für automatisiertes Messen mit der Maschine zu entwickeln, die genauer, schneller, vielseitiger und anwenderfreundlicher ist als die handelsüblichen Geräte. Sie ist sowohl für die Qualitätsicherung, Kollisionsüberwachung als auch die Maschinenvermessung konzipiert worden.

Aus einer Analyse der Ursachen für Maßabweichungen sowie des zeitlichen und gerätemäßigen Aufwands, der zu ihrer Erfassung getrieben wird, ließ sich die Notwendigkeit von automatischem Messen mit der Maschine nachweisen. Als Grundlage für die an die Meßwerterfassung- und Auswerteeinheit zu stellenden Anforderungen wurden die bestehenden Einrichtungen für Messen mit der Maschine analysiert und bewertet.

Außerdem wurde für einen schaltenden 3-D-Taster eine Taststiftlagerung entwickelt, die in alle Richtungen auslenkbar und parallel verschiebbar ist und durch ihre reibungsfreie Lagerelemente eine kleinere Streuung der Referenzpunktlage hat als handelsübliche Taster.

Für die Erfassung und Auswertung der Meßwerte wurden unterschiedliche Lösungen für die Hardware analysiert und eine Einplatinenlösung, bestehend aus einem 16 bit Mikroprozessor, hochintegrierten Speicher- und Positionserfassungsbausteinen, realisiert.

Für die Programmierung der Meßaufgaben wurde eine einfache, anwenderfreundliche und doch für komplexe Aufgaben geeignete Codierung mit der dazugehörenden Software entwickelt.

Außerdem wurden die Kopplungs- bzw. Integrationsmöglichkeiten
der MEA mit bzw. in CNC-Steuerungen analysiert, Lösungen aufgezeigt und die Kopplung mit einer CNC-Steuerung realisiert.

Für die Funktion Kollisionsüberwachung wurde aufgrund einer
Analyse dieses Einsatzbereiches die MEA statt mit einem 3-D-
Taster mit einem schnellen Lasersensor ausgestattet, der die
Anforderungen der Kollisionsüberwachung erfüllt.

Für die Funktion Maschinenvermessung wurde ein Verfahren entwickelt, bei dem die MEA mit 3-D-Taster zum Einsatz kommt. Zusätzlich wurden mehrdimensionale Prüfkörper entworfen und
einer realisiert, mit welchem der Arbeitsraum einer Maschine
mit für Messen mit der Maschine ausreichender Genauigkeit vermessen werden kann.

Sowohl für den Bereich der Qualitätssicherung als auch für die
Kollisionsüberwachung und Maschinenvermessung wurden Anwen-
dungsbeispiele dokumentiert.

Mit Einrichtungen wie der beschriebenen MEA scheint es möglich,
daß automtisches Messen mit der Maschine in Zukunft zunehmend
zum Einsatz kommen wird.

Schrifttum

/ 1 / Storr, A.,   Qualitätskontrolle in der Fertigung -
      Kohler, P.,   Rechnergeführtes Kontrollsystem.
      Bauer, E.,   PDV-Bericht Nr. 170 (1979),
      Petrick, H.   S.208...235.

/ 2 / Kampa, H.,   Einsatz von Mehrkoordinatenmeßgeräten
      Babic, H.G.   in flexiblen Fertigungssystemen.
                          Feinwerktechnik & Meßtechnik 86 (1978)
                          Nr. 5, S.213...227.

/ 3 / VDI/DGQ   Statistische Prüfung der Arbeits- und
      3441 - 3445   Positionsgenauigkeit von Werkzeug-
                          maschinen.
                          Berlin, Köln: Beuth-Verlag 1977.

/ 4 /   Qualitätssicherung einer numerisch
                          gesteuerten Fertigung.
                          Empfehlung GHH 78-1 der BKU-Qualitäts-
                          wesen.
                          MAN Augsburg, Qualitätstechnik, 1978.

/ 5 / Warnecke, H.J.,   Entwicklungen in der Fertigungsmeß-
      Dutschke, W.,   technik.
      Lang,H.   wt-Z. ind. Fertig. 67 (1977) Nr. 5,
                          S.263...267.

/ 6 / Stute, G.   Die Entwicklung der Steuerungstechnik
                          unter dem Einfluß der Bauelemente.
                          wt-Z. ind. Fertig. 66 (1976) Nr. 12,
                          S.683...690.

/ 7 / Hesper, H.J.   Messen von Werkstücken in der Einzel-
                          und Kleinserienfertigung.
                          wt-Z. ind. Fertig. 68 (1978) Nr. 7,
                          S.399...402.

/ 8 / Bauer, E.,   Qualitätskontrolle in der Fertigung -
        Nennstiel, H,   Rechnergeführtes Kontrollsystem.
        Kohler, P.,   KfK-PFT 23, August 1982.
        Pfeiffer, D.,
        Storr, A.,
        Stute, G.

/ 9 / Koerth, D.   Rationalisierung der Qualitätsprüfung
                           durch Automatisierung von Planungs-
                           und Auswertetätigkeiten beim Einsatz
                           von Universalmeßmaschinen.
                           Aachen: Dr.-Ing.-Diss., 1977.

/ 10 / Bauer, E.,   NC-Technik zur Messung geometrischer
        Nennstiel, H.   Größen.
                           VDI-Berichte Nr. 408.
                           Düsseldorf: VDI-Verlag 181.

/ 11 / Storr, A.,   Messen von Bohrungen in der
        Kohler, P.   Bearbeitungssmaschine.
                           Seminar "Herstellen von Präzisions-
                           bohrungen", Universität Stuttgart,
                           2.10.1981.

/ 12 / DIN 66020   Funktionelle Anforderungen an die
        Teil 1   Schnittstelle zwischen DEE und DÜE in
                           Fernsprechnetzen.
                           Ausgabe Mai 1981.

/ 13 / Klaus, J.   Wie funktioniert der IEC-Bus?
                           Elektronik 1975, Nr.4, S.72...78.

/ 14 /   Digitale Handmeßgeräte.
                           Fa. Elektronische Meß- und Regelgeräte
                           Tarsdorf, 1979.

/ 15 / Haasis, G.   Honen von Bohrungen mit hoher Genauig-
                         keit.
                         Seminar "Herstellen von Präzisions-
                         bohrungen", Universität Stuttgart,
                         2.10.1981.

/ 16 /   Digitale Meßtaster.
                         Fa. Dr. Johannes Heidenhain,
                         Traunreuth, 1980.

/ 17 / Broziat, H.-D.   Meßeinrichtungen für Drehmaschinen.
                         wt-Z. ind. Fertig. 71 (1981) Nr. 9,
                         S.577...580.

/ 18 /   Cejmatic für rationelle Qualitätsüber-
                         wachung.
                         Fa. C.E. Johansson,
                         Eskilstuna, Schweden, 1979.

/ 19 /   3-Dimensionale Meßtaster für Bear-
                         beitungsmaschinen und Drehmaschinen.
                         Fa. Renishaw, Gloucestershire, 1981.

/ 20 / Pfeifer, T.,   Ermittlung der Meßunsicherheit von
        Bambach, M.,   3-D-Tastsystemen.
        Fürst, A.   Technisches Messen tm 46 (1979)
                         Nr. 2, S.47...52 und
                         Nr. 4, S.161...169.

/ 21 / Kanzler, W.   NC-Maschine als Koordinatenmeßgerät.
                         wt-Z. ind. Fertig. 71 (1981) Nr. 8,
                         S.469...472.

/ 22 /   Sinumerik System 8,
                         Meßzyklen Beschreibung, Ausgabe 4.82.
                         Fa. Siemens, Erlangen, 1982.

/ 23 / DIN 1319   Grundbegriffe der Meßtechnik.
       Blatt 3   Ausgabe Januar 1972.

/ 24 / Breyer, K.H.   Längenmeßunsicherheit.
                        VDI-Berichte Nr.378.
                        Düsseldorf: VDI-Verlag 1980.

/ 25 / Bosch, K.   Elementare Einführung in die Wahr-
                        scheinlichkeitsrechnung.
                        Braunschweig, Wiesbaden:
                        Friedr. Vieweg & Sohn 1982.

/ 26 /   Sinumerik 580 für Bohr- und Fräsbe-
                        arbeitung.
                        Programmieranleitung Ausgabe 11.74
                        E23W.
                        Fa. Siemens, Erlangen, 1974.

/ 27 / Kohler, P.   Rechnergeführte Meßwerterfassung und
                        -auswertung in der Bearbeitungs-
                        maschine.
                        Essen: Girardet-Verlag, HGF-Kurzbe-
                        richte (Lose-Blatt-Sammlung) 80/13.

/ 28 / Kohler, P.   Meßkopf für Meßeinrichtungen, Mehr-
                        koordinatenmeßgeräte und Bearbeitungs-
                        maschinen.
                        Patentanmeldung P 31 35 495.5-52,
                        vom 8.9.1981.

/ 29 / Spieth, U.   Beitrag zur Systematisierung der Hard-
                        ware- und Softwareentwicklung modularer
                        Mehrprozessorsteuersysteme für
                        Fertigungseinrichtungen.
                        ISW 40. Berlin, Heidelberg, New York:
                        Springer-Verlag 1982.

/ 30 / Wollersheim,   CIDATA-Informationen des Steuerloch-
        H.-R.,   streifens für NC-Meßmaschinen.
        Schöling, H.   WZL, Aachen 1979.

/ 31 / Kohler, P.   Verfahren zur Auffahrsicherung bei
                         Schleifmaschinen und Vorrichtung
                         hierzu.
                         Patentanmeldung P 31 18 065.5,
                         vom 7.5.1981.

/ 32 / Stute, G.,   Verfahren zur Vermessung von Werkzeug-
        Kohler, P.   maschinen.
                         wt-Z. ind. Fertig. 72 (1982) Nr.8,
                         S.421...424.

/ 33 /   Das Optocator-Meßsystem.
                         Systembeschreibung.
                         Fa. Selective Electronic Company AB,
                         Partille, Schweden, 1980.

Informationen aus Firmen

/ 34 / J.M. Voith GmbH, Heidenheim

/ 35 / Messerschmitt-Bölkow-Blohm GmbH (MBB),
        Unternehmensbereich Augsburg

Berichte aus dem Institut für Steuerungstechnik der Werkzeugmaschinen und Fertigungseinrichtungen der Universität Stuttgart

Herausgegeben von Prof. Dr.-Ing. G. Stute †

Erschienen:

ISW 1 bis ISW 37 vergriffen

ISW 26: L. Schenke, Auslegung einer technologisch-geometrischen Grenzregelung für die Fräsbearbeitung, 113 S., 1979

ISW 27: H. Wörn, Numerische Steuersysteme-Aufbau und Schnittstellen eines Mehrprozessorsteuersystems, 141 S., 1979

ISW 28: P. B. Osofisan, Verbesserung des Datenflusses beim fünfachsigen NC-Fräsen, 104 S., 1979

ISW 29: J. Berner, Verknüpfung fertigungstechnischer NC-Programmiersysteme, 101 S., 1979

ISW 30: K.-H. Böbel, Rechnerunterstütze Auslegung von Vorschubantrieben, 113 S., 1979

ISW 31: W. Dreher, NC-gerechte Beschreibung von Werkstücken in fertigungstechnisch orientierten Programmiersystemen, 105 S., 1980

ISW 32: R. Schurr, Rechnerunterstützte Projektierung hydrostatischer Anlagen, 115 S., 1981

ISW 33: W. Sielaff, Fünfachsiges NC-Umfangsfräsen verwundener Regelflächen. Beitrag zur Technologie und Teileprogrammierung, 97 S., 1981

ISW 34: J. Hesselbach, Digitale Lageregelung an numerisch gesteuerten Fertigungseinrichtungen, 111 S., 1981

ISW 35: P. Fischer, Rechnerunterstützte Erstellung von Schaltplänen am Beispiel der automatischen Hydraulikplanzeichnung, 111 S., 1981

ISW 36: U. Ackermann, Rechnerunterstützte Auswahl elektrischer Antriebe für spanende Werkzeugmaschinen, 118 S., 1981

ISW 37: W. Döttling, Flexible Fertigungssysteme – Steuerung und Überwachung des Fertigungsablaufs, 105 S., 1981

ISW 38: J. Firnau, Flexible Fertigungssysteme – Entwicklung und Erprobung eines zentralen Steuersystems, 112 S., 1982

ISW 39: A. Herrscher, Flexible Fertigungssysteme – Entwurf und Realisierung prozeßnaher Steuerungsfunktionen, 103 S., 1982

ISW 40: U. Spieth, Numerische Steuersysteme – Hardwareaufbau und Ablaufsteuerung eines Mehrprozessorsteuersystems, 115 S., 1982.

ISW 41: A. Schimmele, Rechnerunterstützter Entwurf von Funktionssteuerungen für Fertigungseinrichtungen, 106 S., 1982

ISW 42: M. Sanzenbacher, NC-gerechte Beschreibung von Werkstücken mit gekrümmten Flächen, 105 S., 1982.

ISW 43: W. Walter, Interaktive NC-Programmierung von Werkstücken mit gekrümmten Flächen, 112 S., 1982.

ISW 44: J. Huan, Bahnregelung zur Bahnerzeugung an numerisch gesteuerten Werkzeugmaschinen, 95 S., 1982.

ISW 45: H. Erne, Taktile Sensorführung für Handhabungseinrichtungen – Systematik und Auslegung der Steuerungen, 111 S., 1982.

ISW 46: D. Plasch, Numerische Steuersysteme – Standardisierte Softwareschnittstellen in Mehrprozessor-Steuersystemen, 112 S., 1983

ISW 47: Z. L. Wang, NC-Programmierung – Maschinennaher Einsatz von fertigungstechnisch orientierten Programmiersystemen, 103 S., 1983

ISW 48: J. Schwager, Diagnose steuerungsexterner Fehler an Fertigungseinrichtungen, 121 S., 1983

ISW 49: P. Klemm, Strukturierung von flexiblen Bediensystemen für numerische
Steuerungen, 113 S., 1984

ISW 50: W. Runge, Simulation des dynamischen Verhaltens elektrohydraulischer
Schaltungen – Einsatz von geräteorientierten, universellen Simulationsbau-
steinen, 132 S., 1984

ISW 51: H. Steinhilber, Planung und Realisierung von Werkzeugversorgungssystemen
für die NC-Bearbeitung, 126 S., 1984

ISW 52: R. Ohnheiser, Integrierte Erstellung numerischer Steuerdaten für flexible
Fertigungssysteme, 115 S., 1984

ISW 53: M. Keppeler, Führungsgrößenerzeugung für numerisch bahngesteuerte Industrie-
roboter, 125 S., 1984

ISW 54: P. Kohler, Automatisiertes Messen mit NC-Werkzeugmaschinen, 130 S., 1985

ISW 55: K.-H. Rieger, Rechnerunterstützte Projektierung der Hardware und Software von
speicherprogrammierten Steuerungen, 123 S., 1985

ISW 56: G. Vogt, Digitale Regelung von Asynchronmotoren für numerisch gesteuerte
Fertigungseinrichtungen, 126 S., 1985

Springer-Verlag
Berlin · Heidelberg · New York · Tokyo